博碩文化

U0077499

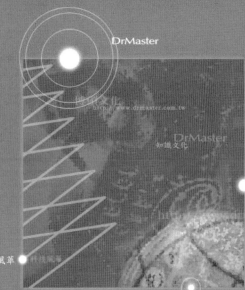

DrMaster

知識文化

科技風華

深度學習資訊新領域

DrMaster

深度學習資訊新領域

http://www.drmaster.com.tw

博碩文化

JS

16 Lesson

好評回饋版

JavaScript
精選 16 堂課
網頁程式設計實作

陳婉凌 著　　ZCT 策劃

- JavaScript多年蟬聯GitHub熱門程式語言排行榜冠軍，學習程式首選技術

- 涵蓋WEB/APP前端開發三大必學技術：**JavaScript(ES6)+HTML5+CSS3**

- 以淺顯易懂的教學與範例，培養程式素養。唯有觀念清楚，才能靈活運用，零基礎也能輕鬆上手

- 撰寫適合自己的Web應用程式，也能讀懂他人所寫的程式碼，不管是開發、Debug (除錯) 或改版維護都能從容以對

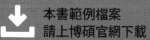

本書範例檔案
請上博碩官網下載

本書如有破損或裝訂錯誤，請寄回本公司更換

作　　者：陳婉凌 著、ZCT 策劃
編　　輯：蔡瓊慧、魏聲圩

董 事 長：陳來勝
總 編 輯：陳錦輝

出　　版：博碩文化股份有限公司
地　　址：221 新北市汐止區新台五路一段 112 號 10 樓 A 棟
　　　　　電話 (02) 2696-2869　傳真 (02) 2696-2867

發　　行：博碩文化股份有限公司
郵撥帳號：17484299
戶　　名：博碩文化股份有限公司
博碩網站：http://www.drmaster.com.tw
讀者服務信箱：dr26962869@gmail.com
訂購服務專線：(02) 2696-2869 分機 238、519
（週一至週五 09:30 ～ 12:00；13:30 ～ 17:00）

版　　次：2024 年 2 月三版一刷

建議零售價：新台幣 550 元
Ｉ Ｓ Ｂ Ｎ：978-626-333-747-3
律師顧問：鳴權法律事務所 陳曉鳴 律師

國家圖書館出版品預行編目資料

JavaScript 精選 16 堂課：網頁程式設計實作 / 陳婉凌著 . -- 三版 . -- 新北市：博碩文化股份有限公司 , 2024.02
　　面；　公分

ISBN 978-626-333-747-3(平裝)

1.CST: Java Script(電腦程式語言)

312.32J36　　　　　　　　　　　113000890

Printed in Taiwan

博 碩 粉 絲 團　歡迎團體訂購，另有優惠，請洽服務專線
　　　　　　　(02) 2696-2869 分機 238、519

序言

JavaScript 具有易學、快速、功能強大的特點，是目前網頁程式當紅也被廣泛使用的程式語言，大部分的網頁都可以發現 JavaScript 的蹤跡，再加上大部分的瀏覽器都支援 JavaScript 語法，而且新的語法也不斷推陳出新，功能愈來愈強大。由於 JavaScript 語法可以配合 HTML 及 CSS 設計出動態網頁，正好彌補 HTML 的缺憾，使得 JavaScript 成為製作網頁不可或缺的主角。

一般傳統的觀念，認為設計程式是電腦高手才會的工作，望之卻步，不敢輕易嘗試，寧願選擇從網路複製現有的 JavaScript 程式來使用，順利執行的話還好，執行不順利的話也只能放棄，繼續在茫茫網海尋覓合適的程式。如果能夠學會 JavaScript 語法，就可以自己撰寫最合用的程式，就算取得他人的程式碼也能夠看得懂並找出導致程式無法執行的 bug。本書盡量以淺顯易懂的敘述，讓讀者了解其實 JavaScript 是很容易學習的語言，自己就可以動手來撰寫程式。

事實上，光學習 JavaScript 語言尚無法在網頁前端技術上如魚得水，必須具備 HTML DOM 模型觀念與 CSS 語法才算具備前端工程師的基本技能，本書除了詳細解說 JavaScript 語法，同時也加入 HTML DOM 與 CSS 的教學與應用。

由於 JavaScript 程式是在用戶端 (client) 執行，因此可以協助後端資料庫進行存取之前的資料驗證工作，大大減低伺服器負擔，這也是網頁程式設計者愛用 JavaScript 發展網頁程式的主因之一。

本書每一堂課的撰寫程序先介紹概念、原理與其功能，緊接著再佐以實例操作，以循序漸進的方式說明 JavaScript 語法，讓讀者可以將語法與實作相結合。

本書內容力求完善詳實，但疏漏難免，尚請您多多指正、包涵。感謝您！祝福您！

陳婉凌

第一部分：JavaScript 精要

1 認識 JavaScript

2 JavaScript 基礎語法

3 程式控制結構

4 JavaScript 內建標準物件

5 集合物件

第二部分 JavaScript 在 WEB 程式的應用

10 認識 HTML

11 認識 CSS

12 JavaScript 與 HTML DOM

13 JavaScript 事件與事件處理

第一部分

JavaScript
精要

認識 JavaScript

1-1 JavaScript 特色與用途

JavaScript 具有易學、快速、功能強大的特點，近幾年最受歡迎及使用最廣泛的程式語言調查排行榜，JavaScript 始終是名列前茅，重要性不言而喻。一開始我們就先來認識 JavaScript 的特色與用途。

1-1-1 JavaScript 基本觀念

Javascript 是一種直譯式 (Interpret) 的描述語言，前身是由 Netscape 開發的 LiveScript，之後 Netscape 與 Sun 公司合作開發，並命名為 JavaScript。也因 JavaScript 名稱裡有 Java，常被誤以為是 Java 語言，其實兩者並不相同。

JavaScript 具有跨平台、物件導向、輕量的特性，通常會與其他應用程式搭配使用，最廣為人知的當屬 Web 程式的應用。JavaScript 與 HTML 及 CSS 搭配撰寫 Web 前端程式就能透過瀏覽器讓網頁具有互動效果。

JacaScript 程式是在前端 (用戶端) 瀏覽器直譯成執行碼，將執行結果呈現在瀏覽器上，不會增加伺服器的負擔，並且透過簡單的語法就能控制瀏覽器所提供的物件，輕輕鬆鬆就能製作出許多精采的動態網頁效果。

```
1   <!DOCTYPE html>
2   <html>
3   <head>
4       <meta charset="utf-8">
5       <title>跟著大凌學程式</title>
6       <link href="css/btn.css" rel="stylesheet">
7       <script src="js/btn.js"></script>
8   </head>
9   <body>
10      <nav class="navbar navbar-default navbar-fixed-top">
11          <div class="container">
12              <div class="navbar-header page-scroll">
13                  <button type="button" class="navbar-toggle"
                    data-toggle="collapse"
                    data-target="#bs-example-navbar-collapse-1">
14                      <span class="sr-only">跟著大凌學程式</span>
15                      <span class="icon-bar"></span>
16                      <span class="icon-bar"></span>
17                      <span class="icon-bar"></span>
18                  </button>
19              </div>
20              <div class="collapse navbar-collapse"
                id="bs-example-navbar-collapse-1">
21                  <ul class="nav navbar-nav navbar-right">
22                      <li class="hidden">
```

底下程式是很基本的 HTML 語法加上 JavaScript 語法，框起處使用 JavaScript 語法，其他程式碼則是 HTML 語法。

```html
<!DOCTYPE HTML>
<html>
    <head>
     <title>一起學 JavaScript</title>
     <meta charset="utf-8">
     <script>
     document.write("5+7=" + (5+7) + "<br>");
     </script>
    </head>

    <body>
     <button type="button"
    onclick="document.getElementById('showTime').innerHTML =
    Date()">顯示現在時間</button>
     <p id="showTime"></p>
    </body>
</html>
```

JavaScript 語法

HTML 按鈕元件加入 JavaScript 語法

您可以使用記事本開啟範例（博碩官網提供下載）ch01 的 testJS.htm 檔案，就能查看上述程式碼。由於 HTML 檔案會以預設瀏覽器開啟，當您快按兩下

testJS.htm 檔案，就會開起瀏覽器來執行，網頁會顯示 5+7 的結果；而按鈕裡的 JavaScript 語法，要等到使用者按下「顯示現在時間」鈕才會觸發執行。

第一行程式 <meta charset="utf-8"> 是用來告訴瀏覽器使用的編碼方式是 utf-8，避免中文字會呈現亂碼 (之後的章節會針對編碼做說明)。

JavaScript 剛出現時經常被批評執行速度慢而且不友善，因為當時各家瀏覽器對 JS 支援程度不一，往往一段 JavaScript 程式必須輪流在各大瀏覽器測試，甚至必須先判斷瀏覽器是 safari、chrome、firefox 還是 IE，而為不同瀏覽器撰寫相應的程式碼，造成程式設計師很大的困擾。

隨著時間的發展，用來規範 JavaScript 的 ECMAScript 標準越來越完善，語法越來越豐富，各大瀏覽器也紛紛遵循 ECMAScript 標準，目前大多數瀏覽器能比較完整支援的標準為 ECMAScript2014，第五版 (簡稱 ES5) 以及 ECMAScript2015，第六版 (簡稱 ES6)，目前最新的版本則是 2018 年 9 月釋出的 ECMAScript 2018，第 9 版 (簡稱 ES9)。

除了 Web 前端應用之外，JavaScript 支援 JSON 及 XML 技術能快速取得後端資料庫及雲端資料，達到非同步資料傳輸，也讓 JavaScript 的應用從前端發展到後端，正因為 JavaScript 在前後端開發都有很好的支援，網路購物、線上遊戲與物聯網技術都經常使用 JavaScript，也助長了 JavaScript 的發展。

新版的瀏覽器對 JavaScript 都能有很好的支援，建議瀏覽器使用下表以上的版本。

Google Chrome 70   Microsoft Edge 18   Firefox 63   Safari 12

1-1-2 JavaScript 的用途

JavaScript 的用途很廣泛,從上一小節的介紹,可以知道 JavaScript 能替網頁添加動態效果,除此之外,JavaScript 還能做些什麼?這一小節就來瞭解 JavaScript 目前有哪些常見的應用。

◆ 操作 HTML DOM

還記得筆者在學生時代製作網頁,很喜歡將網頁做得炫麗繽紛,加入許多不必要的光影閃爍效果、七彩的跑馬燈,當使用者一進入首頁還要先打招呼「歡迎光臨」,離開網頁還要跳出「期待下次光臨」來送客,這些繁雜的炫麗動態效果已經慢慢退出網頁。

現今的網頁資訊爆炸,網頁設計走向化繁為簡,著重在如何快速精準提供使用者個人化的訊息以及讓使用者在不同瀏覽設備能流暢地瀏覽網頁內容。

CSS 搭配 JavaScript 就能夠在網頁內容不變的情況下,版面配置隨著設備的瀏覽器尺寸而改變,這種網頁設計的模式稱為「RWD 響應式網頁設計」。

[網頁的版面配置隨著電腦與手機瀏覽而改變]

RWD 的版面切換,雖然只要透過 CSS 語法就能夠調整 DOM 元件的位置,當遇到需要改變 DOM 架構時,就需要搭配 JavaScript 來操作。

◆ 網頁遊戲

HTML5 具備跨平台的特性以及提供完整的 WebGL API，使用 JavaScript 與 HTML5 Canvas 元素就能在網頁瀏覽器展現高品質的 2D 和 3D 圖形，執行效率與影音動畫效果一點都不輸 APP，玩家不需要額外下載，只要使用電腦或手機瀏覽器開啟頁面就可以開始玩，吸引許多遊戲廠商紛紛加入網路遊戲開發的行列。

前面提到的 WebGL (Web Graphics Library) 是基於 OpenGL ES 的 JavaScript API，OpenGL ES 是嵌入式加速 3D 圖形標準，能快速完成需要大量計算的複雜渲染著色 (render)，透過 JavaScript 就能設定與使用 WebGL API，讓瀏覽器能夠在不使用外掛程式的情況下呈現高效率及高品質的圖形。

底下介紹兩款好玩的 HTML5 遊戲，請您感受 JavaScript 製作的網頁遊戲執行速度與影音特效。

• Sumon

網址：https://sumonhtml5.ludei.com/

Sumon 是一款腦力激盪的遊戲，介面精緻流暢，玩法很簡單，在時間限制內點擊彩色方塊組合出目標所需的數字，只需要具備基本加法的能力就會玩，適合每個年齡層。

目標數字

快速流逝的時間

- Emberwind

網址：http://operasoftware.github.io/Emberwind/

Emberwind 是一款 RPG 闖關遊戲，由 Opera 軟體公司開發，遊戲畫面可愛
而且精緻，遊戲類似瑪莉歐遊戲，操作很簡單，只要利用鍵盤左右鍵能讓遊
戲主角左右移動，向上鍵跳躍，向下鍵則有金鐘罩護身，按下空白鍵可以揮
舞武器來對付敵人，遊戲裡有很多隱藏通道，讓玩家慢慢探險。

遊戲主角

◆ 操作 HTML5 前端資料儲存

HTML5 提供了新功能 -Web Storage，包括 sessionStorage 以及 localStorage
兩種方式，只要使用 JavaScript 就能夠在使用者端瀏覽器儲存資料，操作語
法簡單、存取方便，尤其是製作行動裝置使用的 Web APP 最擔心在沒有網
路的狀況使用者無法使用 APP，有了 Web Storage 功能就可以暫時將資料儲
存於網頁瀏覽器，不需要即時存取後端資料庫，等到網路連線時再與後端資
料庫同步，如此一來，就能解決 Web APP 離線使用的問題。localStorage 是
以 key-value 方式儲存資料，使用者關閉瀏覽器 localStorage 的資料仍然會存
在，使用也相當簡單，例如下面程式指定 localStorage 的 key 值為 count，用
來記錄瀏覽次數，第一次進入網頁 localStorage.count 值指定為 1，之後更新
頁面就會將 localStorage.count 值 +1。

```
<script>
localStorage.count = (localStorage.count) ? Number(localStorage.
count) +1 : 1;
document.write(" 瀏覽次數："+ localStorage.count + " 次 .");
</script>
```

如果您想測試上述程式，建議您使用 google chrome 或 Firefox 瀏覽器執行，Microsoft Internet Explorer(IE) 及 Microsoft Edge 的 localStorage 物件必須在伺服器環境才能執行。

◆ Node.js 後端平台

Node.js 是一個網站應用程式開發平台，採用 Google 的 V8 引擎，主要使用在 Web 程式開發，Node.js 具備內建核心模組並提供模組管理工具 NPM，安裝 Node.js 時 NPM 也會一併安裝，只要連上網路透過 NPM 指令就能下載各種第三方模組來使用，十分容易擴充。

早期 JavaScript 程式只能使用於前端瀏覽器，如今 Node.js 透過第三方的 HTTP 模組只要指定伺服器的 IP 和連接埠 (port) 就能建立一個網頁伺服器 (HTTP Server)，不需要再單獨架設網頁伺服器 (例如 Apache、IIS)，由於輕量、高效能及容易擴充的特性，也經常被使用在資料應用分析以及嵌入式系統。

1-2 設定 JavaScript 開發環境

所謂工欲善其事，必先利其器，撰寫程式之前最重要的就是設定好開發的環境與工具，雖然 JavaScript 只要有記事本就能夠寫程式，不過有些免費的程式碼編輯器具有即時預覽、以及用顏色區分不同程式碼等功能，能夠讓我們撰寫程式更加得心應手，這一章節我們就來瞭解 JavaScript 的執行環境以及如何選擇合適的開發工具。

1-2-1 JavaScript 執行環境

傳統的 JavaScript 執行環境只能夠在前端 (用戶端) 執行，Node.js 的出現讓 JavaScript 也能夠在後端 (伺服器端) 執行，本節將分別介紹 JavaScript 在前端與後端的測試與執行原理及方法，您可以自由選擇採用哪一種方式來執行程式。(本書圖片採用前端瀏覽器來擷取執行結果)

◆ JavaScript 在用戶端執行

　　JavaScript 以往主要被當成用戶端程式，與 HTML 以及 CSS 語法一起搭配成網頁文件(HTML文件)，只要在瀏覽器開啟HTML文件就能夠呈現出網頁內容。

　　談 JavaScript 在前端的執行環境之前，先來瞭解瀏覽器是如何在前端處理包含 HTML、CSS 以及 JavaScript 的文件。瀏覽器運作過程細節非常複雜，這裡僅粗略說明瀏覽器呈現網頁的過程。

　　您可以參考底下示意圖，當瀏覽器接收到 HTML 文件的程式碼時會將 HTML 碼與 CSS 碼交給渲染引擎 (Render Engine) 處理，將 HTML 碼解析並建構 DOM 樹狀結構 (文件物件模型，Document Object Model)、CSS 碼則解析並建構 CSSOM 樹狀結構 (CSS 物件模型，CSS Object Model)，並將兩者依照順序組合成渲染樹狀結構 (Render Tree)，接著透過 Layout() 方法依照每個節點的坐標位置與大小來安排版面，最後執行 Paint() 方法在瀏覽器依序繪製出網頁。

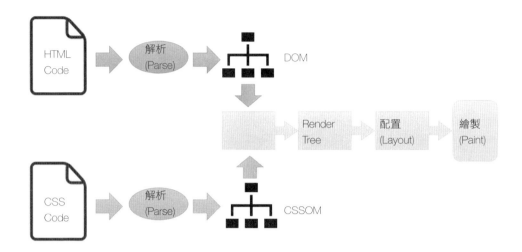

當瀏覽器解析 HTML 碼過程中遇到了 <script> 標籤，渲染引擎會將控制權交由 JavaScript 引擎 (JavaScript Engine，簡稱 JS 引擎) 來處理，JS 引擎透過直譯器 (Interpreter) 或 JIT 編譯器 (Just-In-Time Compiler) 將程式碼由上到下逐行轉為電腦看得懂的機器碼來執行，執行完畢，控制權再交還渲染引擎，繼續往下解析 HTML 碼。

 學習小教室

關於 HTML 的 <script> 標籤

HTML 程式碼裡的 <script> 標籤，是用來內嵌其他程式語言，渲染引擎會根據 <script> 的 type 屬性所指定的語言類型將控制權交給對應的 Script 引擎來執行，例如：

<script type="text/x-scheme"></script> 表示使用的語言類型是 Scheme

<script type="text/vbscript"></script> 表示使用的語言類型是 VBScript

<script type="text/javascript"></script> 表示使用的語言類型是 JavaScript

瀏覽器預設的 Script 語言是 JavaScript，所以 type 屬性通常省略不寫。

各家瀏覽器都有自己的 JS 引擎，因此同一個網頁在不同瀏覽器的執行速度就會有差異，常見的 JS 引擎有 Google Chrome 的 V8、Apple Safari 的 Nitro、Microsoft 的 Chakra 以及 Mozilla Firefox 的 TraceMonkey。

◆ JavaScript 在後端執行

Javascript 除了可以使用瀏覽器在前端執行，也可以透過 Node.js 環境後端執行 JS 程式碼，Node.js 使用 Google 的 V8 引擎，提供 ECMAScript 的執行環境。

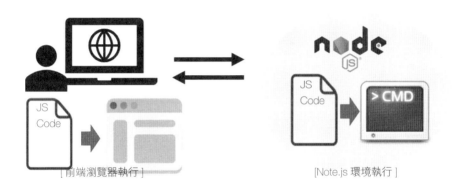

[前端瀏覽器執行]　　　　　　　　　[Note.js 環境執行]

JavaScript 的主要核心有兩個，一個是 ECMAScript 另一個是 DOM API，ECMAScript 主要定義程式語法、流程控制、資料型別、物件與函數、錯誤處理機制等基本語法，而 DOM API 用來存取及改變網頁文件物件結構與內容。Node.js 不使用瀏覽器，自然就用不到 DOM API。

底下會介紹 Node.js 如何使用 JavaScript 程式碼，您可以到 Node.js 官方網站下載安裝，Node.js 官方網站網址如下：

https://Node.js.org/en/

LTS(Long Term Support) 版本通常是比較穩定的版本，如果您想試試 Node.js，建議您安裝 LTS 版本。跟著安裝精靈逐步安裝 (不需更改設定)，安裝精靈預設會在 PATH 環境變數設定 Node.js 路徑，您可以利用以下方式檢查 PATH 環境變數，Windows 系統的使用者可以在執行或搜尋輸入「cmd」按下 Enter 鍵或直接啟動「命令提示字元」。

請在命令提示字元視窗輸入「path」按下 Enter 鍵。

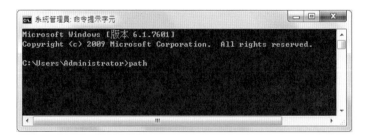

視窗會輸出一長串的 PATH 路徑，裡面包含 C:\Program Files\Node.js\ 就表示 node.js 的 PATH 環境變數已經設定完成。

```
PATH=…;C:\Program Files\Node.js\……
```

Node.js 的指令要是在命令行 (Command Line) 執行，我們繼續在命令提示字元視窗輸入「node」就能執行 Node.js 指令。

我們來試試看輸入第一個指令，請在命令提示字元視窗輸入「node -v」，視窗就會顯示 Node.js 的版本了。

接著，我們來看看如何執行 JavaScript 程式。

Node.js 提供了提供了一個類似終端機模式的 REPL 環境 (Read Eval Print Loop，稱為交互式開發環境)，只要輸入 JS 程式碼就能立即得到執行結果，很適合用來測試程式。

請在命令提示字元視窗輸入「node」按下 Enter 鍵，出現 REPL 的提示字元 (>)，表示已經進入 REPL 環境。

進入 REPL 環境之後就可以直接輸入 JavaScript 程式碼，例如要輸出「Hello World」字串，請直接輸入下列程式碼：

```
console.log("Hello World");
```

執行結果：

在 REPL 環境不管輸入函數或變數，都會顯示它的返回值，由於 console.log() 方法並沒有返回值，因此輸出 Hello World 之後會接著顯示 undefined。

想要離開 REPL 環境有兩種比較快速的方式：

◆ 輸入「.exit」

◆ 按下 Ctrl+D

除了 REPL 環境之外，也可以將 JavaScript 寫成一個檔案透過 Node.js 來執行，底下就來實作看看。

請開啟一個空白的純文字檔案，輸入 console.log("Hello World"); ，將檔案儲存。筆者將檔案命名為 hello.js，儲存在 D:/ 路徑下。

接著透過透過 Node.js 來執行這個 JS 檔案，請在命令提示字元視窗輸入下行指令：

```
node hello.js
```

執行結果：

不管您選擇使用瀏覽器或 Node.js 來測試 JavaScript 程式，都需要一個文字編輯器來編寫 JavaScript 程式碼並儲存成 JS 檔案來執行，window 內建的記事本也可以，只是不太好用。下一小節，我們就來看看如何選擇合適的文字編輯器。

1-2-2 如何選擇文字編輯器

Windows 系統撰寫 Javascript 程式碼的時候，最簡單而且隨手可得的工具當屬內建的「記事本」工具，如果只是想將現有的 JavaScript 程式稍加修改，記事本的確是非常方便的工具，如果是撰寫大量的 JavaScript 程式，那可就累人了，建議您使用專業的程式碼編輯工具，撰寫程式碼將更有效率，不僅能加快程式撰寫的速度，也比較容易除錯。

程式碼編輯工具包括一般的純文字編輯器或者是功能完善的 IDE(整合開發環境，Integrated Development Environment)。

◆ 純文字編輯器常見的有 EditPlus、NotePad++、PSPad、UltraEdit、Visual Studio Code 等等，這類的文字編輯器，通常包含記事本的編輯功能，並具有程式碼著色與顯示行號等輔助功能。

◆ IDE 工具常見有 WebStorm、Visual Studio、Eclipse 等等，IDE 除了文字編輯功能之外，通常還會具有版本控制、指令自動完成、程式碼檢查、除錯 (Debug) 功能。例如輸入程式指令時只要輸入前兩個字元，IDE 就會顯示相關指令選單，方便我們快速選擇並填入指令，程式碼還會自動縮排，非常方便。

如果對於程式有一定熟悉度的人，使用 IDE 可以很快速的完成程式，初學者並不建議使用 IDE，因為 IDE 較為龐大，下載、安裝與啟動都耗費時間，而且設定與介面複雜，大多數的功能在學習程式語言的過程都用不到，實在是大材小用了。

建議您使用純文字編輯器來撰寫 JavaScript 程式，各個純文字編輯器提供的功能不盡相同，您可以隨意選擇合適的工具來使用，如果您沒有接觸過純文字編輯器，底下將說明這類純文字編輯器應該具備的功能，供您參考。(以下是以 NotePad++ 舉例說明)

1. 具備選取、剪下、複製、貼上、搜尋等基本功能

這是一般文字編輯器都具備的功能，能夠在檔案內部或不同檔案之間輕易的選取文字、複製與移動。

具備基本的編輯功能

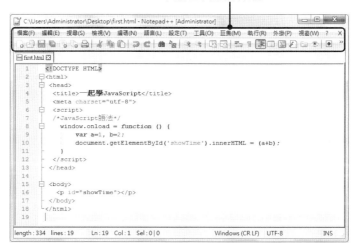

2. 支援多次復原和恢復

對於程式設計師來說，能夠復原與取消復原 (恢復) 是非常重要的功能，每個編輯器支援的復原次數不同，例如記事本只能恢復前一次作業，對於程式編輯來說就相當不便利。大多數的程式編輯器都能夠支援多次復原與恢復。

具備復原 / 恢復功能

TIPS

程式碼編輯工具通常會提供快捷鍵功能，按鍵與一般軟體相同，例如：復原 (Ctrl+Z)；取消復原 (Ctrl+Y)；複製選取的項目 (Ctrl+C)；剪下選取的項目 (Ctrl + X)；貼上 (Ctrl + V)。NotePad++ 提供許多的快捷鍵，下一小節會有更詳細的介紹。

3. 語法著色

不同的程式語法與標記會以不同的顏色加以區別。 例如關鍵字 (像是 var、function)、變數、常數與註解都各自有不同的顏色標示。

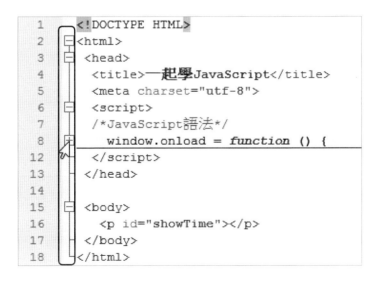

不同顏色區
別語法

4. 結構檢視

程式碼經常會有成對的語法，例如 HTML 的起始與結束標記 (像是 <body></
body> 或是 <script></script>) 以及 JavaScript 語法的大括弧 {} 與括號 ()，具
備結構檢視功能更容易看清楚成對的語法，可以協助我們更快速地尋找程式
碼以及除錯，例如 NotePad++ 具有語法摺疊功能，很輕易就能瞭解程式的結
構。

5. 顯示行號

程式碼編輯器通常會在視窗的左邊預設顯示行號，行號可以設定顯示與隱藏，這對於除錯非常有幫助。例如程式執行有錯誤時除錯工具會告訴我們程式碼在第幾行出錯，當程式碼編輯器有顯示行號，很快就能找到錯誤所在。

純文字編輯器的介面與操作方法大同小異，底下就透過 NotePad++ 這套免費軟體來說明如何使用純文字編輯器。

1-2-3 純文字編輯器 NotePad++

NotePad++ 是免費軟體，有完整的中文介面並且支援 Unicode 格式 (UTF-8)，常見的程式語言幾乎都有支援，當然也包括 JavaScript，主要有下列幾項好用的功能。

◆ 語法著色及語法摺疊功能

◆ 自動完成功能 (Auto-completion)

當自動完成功能開啟時，只需要輸入前幾個字母，NotePad++ 就會顯示指令選單，透過上下鍵選擇需要的指令，按下 tab 鍵就會寫上完整指令，不需要一一輸入。

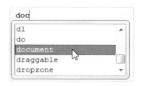

◆ 自動補齊功能

程式經常會需要輸入成雙成對的起始與終止指令,例如 HTML 的起始與結尾
標記以及 JavaScript 的小括號 ()、中括號 []、大括號 {}、單引號 (') 或雙引號 (")
等等,如果開啟自動補齊功能,只要輸入起始的符號,就會自動補齊結尾符
號,例如下式輸入 <script>,就會自動顯示完整的「<script></script>」,游
標會停在兩個標記之間,方便我們繼續完成程式碼。

游標會停在起始與結尾符號裡

 TIPS

想要開啟或關閉「自動完成」與「自動補齊」功能,請點選「設定」下拉式
功能表,選擇「偏好設定」指令,左側選單選擇「字詞自動完成功能」就可
以進行設定。

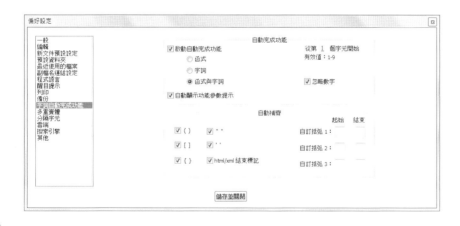

◆ 支援同時編輯多重檔案

可以同時開啟多個檔案來編輯，點擊檔案頁籤就可以在不同文件檔案切換。

◆ 支援多重視窗同步編輯

可以同時開啟兩個視窗對比排列，也能夠將檔案開啟在同一視窗內進行同步編輯。(檢視功能表→移動 / 複製此檔案至另一個視窗)，兩個視窗會同步更新編輯的內容。

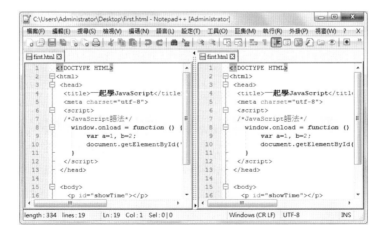

◆ 支援 PCRE (Perl Compatible Regular Expression) 搜尋及取代

PCRE 是 Perl 正 規 表 達 式 函 式 庫 (Perl Compatible Regular Expression)，Regular Expression 是一套規則模式 (pattern)，稱為「正規表示式」，也有人稱為正則表達式、正規運算式、規則運算式、常規表示法，常簡寫為 regex、regexp 或 RE，正規表示式常見的有兩種語法，一種出自於 IEEE 制定的標準 (POSIX(IEEE 1003.2))，一種是出自 Perl 程式語言，大部分的程式語言都支援 PCRE，JavaScript 的 RegExp 物件提供的 REGEX 功能也是採用 PCRE，本書介紹 RegExp 物件的章節將會介紹這個好用的正規表示式。

◆ 提供程式碼區放大與縮小功能

按下 Ctrl + Num+ 或 Ctrl +Num- 控制當前編輯內容區放大與縮小，也可以使用 Ctrl+ 滑鼠滾輪來縮放。

◆ 高亮度括號及縮排輔助

當游標移至括號旁，對應的結束括號會以高亮度來顯示。

◆ 巨集

可以錄製並儲存數百個巨集指令，並指定鍵盤捷徑。

NotePad++ 可以到官網下載，網址如下：

https://notepad-plus-plus.org/

進入首頁之後點選 download 按鈕。

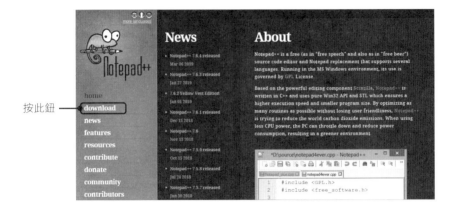

按此鈕

依據 Windows 系統 32-bit x86 或 64-bit x64 選擇合適的下載項目。

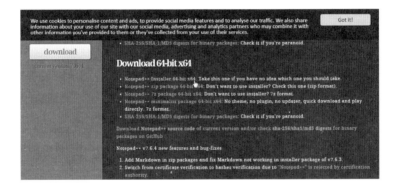

 TIPS

Notepad++ zip package 及 Notepad++ 7z package 是免安裝 (Portable) 版本，只要解壓縮就可以使用 Notepad++

下載完成並安裝或解壓縮，啟動 NotePad++ 就可以開始使用了。

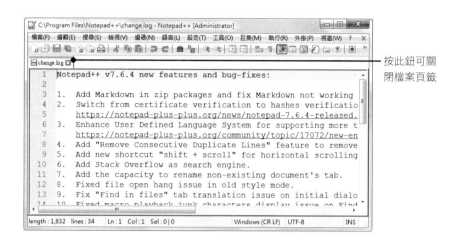

按此鈕可關
閉檔案頁籤

底下介紹 NotePad++ 的基本設定與使用方法。

◆ 偏好設定

執行「設定功能表 / 偏好設定」指令，從偏好設定對話視窗可以依據個人喜好進行設定。

- 「一般」項目，可以設定「語言」，在「頁籤列」可以進行檔案頁籤的相關設定。

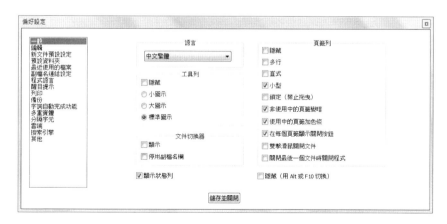

- 「新文件預設設定」項目將編碼設定為 UTF-8，更改完畢之後，日後開啟的新頁籤就會使用設定的格式。

編碼格式有多個方式可選擇，基於通用考量，建議使用 UTF-8 編碼格式。

請注意！編碼格式 UTF-8 與 UTF-8(BOM 檔) 是不相同的，選擇編碼格式時要特別留意。

BOM(Byte-Order Mark) 是識別位元組順序的標記符號，如果選擇 UTF-8(BOM 檔首) 存檔時會在檔首自動加上 BOM 符號，文件內容看起來沒有差異，但使用十六進位 (HEX) 模式來檢視，就會發現文件內容最前方會有「EF BB BF」字元。

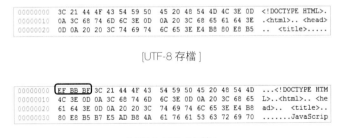

[UTF-8 存檔]

[UTF-8+BOM 存檔]

一般程式碼的純文字文件不需要加 BOM，通常只有在文件需要提供給其他軟體使用時才會加上 BOM，舉例來說 Microsoft Excel 預設會以 ASCII 編碼方式開啟文件，當文件需要匯出給 Excel 使用時，加上 BOM 讓 Excel 識別 Unicode 編碼，就能避免開啟的文件內容變成亂碼。

- 「字詞自動完成功能」項目,建議您先取消「啟動自動完成功能」,一開始學習程式之前先練習輸入語法,等到語法都熟悉之後,再開啟自動完成功能。

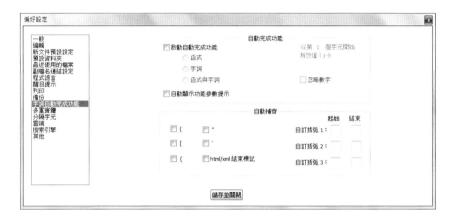

◆ 使用瀏覽器預覽執行結果

執行功能可以讓我們在撰寫程式碼時,隨時開啟瀏覽器查看執行效果。只要點選「執行功能表」選擇要使用的瀏覽器就可以預覽執行結果了。

執行此指令

選擇的瀏覽器必須是電腦裡已經安裝的瀏覽器。

◆ 開啟空白文件

點擊工具列的「新增」或執行「檔案功能表 / 新增」指令都可以開啟全新的空白文件，就可以開始輸入程式碼。

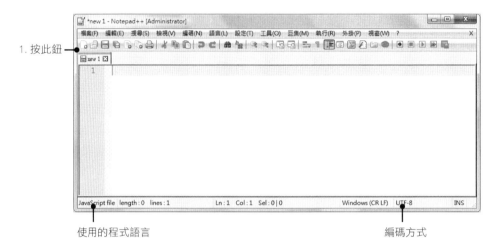

1. 按此鈕

使用的程式語言　　　　　　　　　　　　　　編碼方式

編輯程式碼的過程中如果需要選取整列的程式碼，可以利用「Alt+Shift+ 方向鍵」、「Shift+ 方向鍵」或是「Alt + 滑鼠左鍵」來連續選擇多行或多列的程式碼。

```
1    <!DOCTYPE HTML>
2    <html>
3      <head>
4        <title>一起學JavaScript</title>
5        <meta charset="utf-8">
6        <script>
7        /*JavaScript語法*/
8          window.onload = function () {
9              var a=1, b=2;
10             document.getElementById('showTime').innerHTML = (a+b);
11         }
12       </script>
13     </head>
```

選取多列

◆ 快捷鍵

NotePad++ 提供非常多的快捷鍵,熟悉這些快捷鍵,能幫助我們撰寫程式事半功倍,常用的快捷鍵如下表。

快捷鍵	說明
Ctrl+A	全選
Ctrl+S	儲存文件
Ctrl+Alt+S	另存文件
Ctrl+Shift+S	儲存所有打開文件
Ctrl+L	刪除游標插入點所在行
Ctrl+Q	將游標插入點所在行或選取區轉換為註解
Ctrl+Shift+Q	將游標插入點所在行或選取區轉換為註解,如游標所在行沒有文字會添加註解符號
Ctrl+B	跳至配對的括號
Ctrl+F	開啟尋找對話視窗
Ctrl+ 滑鼠滾輪	放大或縮小頁面

NotePad++ 的快捷鍵是可以修改的,只要執行「設定 / 管理快捷鍵」指令,就能自訂快捷鍵。

◆ 尋找與取代

尋找與取代是經常使用的功能之一，可以按 Ctrl+F 來開啟對話視窗。

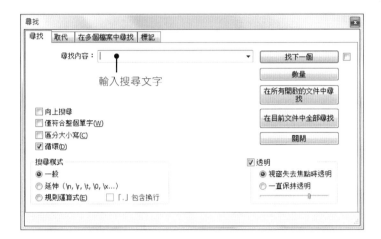

切換到「在多個檔案中尋找」面板，可以在多個檔案尋找或取代文字。

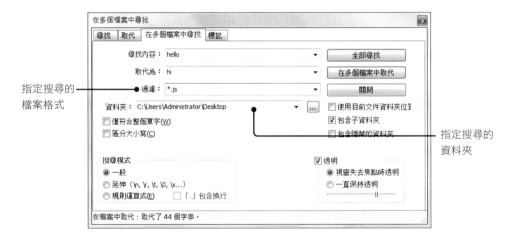

◆ 儲存檔案

程式編寫時記得要時常存檔，筆者習慣在開啟空白文件之後就先執行「檔案 / 另存新檔」指令，選擇儲存位置並輸入檔案名稱進行儲存的動作，撰寫程式過程中想要存檔只要按下 Ctrl+S 就可以直接存檔。

1. 選擇檔案路徑

2. 輸入檔名及
   副檔名

3. 按此鈕

如果您有固定的存檔路徑，可以在偏好設定的「預設資料夾」設定開啟與儲存
的資料夾位置。

NotePad++ 預設會開起定期備份功能，您可以從偏好設定的「備份」來設定啟
動備份的時間與資料夾。

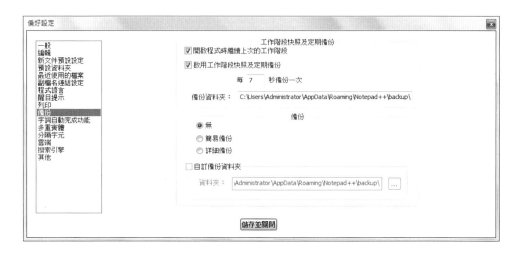

如果有開啟定期備份功能，當來不及存檔時，就可以從備份資料夾找到最近一次備份的文件。

1-2-4 瀏覽器主控台 console

撰寫前端 JavaScript 程式，開發者最常利用的瀏覽器工具應該就屬開發者工具 Console(中文稱主控台)，各家瀏覽器都有自己的 Console，操作方式不盡相同，但基本功能大同小異，底下介紹 google chrome 的 DevTools Console。

首先請打開 Chrome 瀏覽器並開啟範例 ch01/testConsole.htm，按下「F12」鍵，瀏覽器右邊就會顯示 DevTools 主控台的 console 面板。

testConsole.htm 裡的程式如下：

```
<script>
     console.log("console 顯示 5+7=", (5+7));
</script>
```

console.log() 裡的文字包含一個字串 ("console 顯示 5+7=") 與一個運算式 (5+7)，兩者使用逗號分隔，console 面板會以不同顏色區分，就可以清楚分別字串與運算結果，如下：

也可以寫成 ("console 顯示 5+7=" + (5+7)) 輸出字串,輸出的內容是相同的。

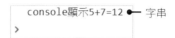

Console 是操作主控台 console 物件的 API,提供許多方法供我們使用 console.log() 是其中一個方法,功能是輸出一些訊息到主控台,所以開啟 textConsole.htm 之後在 console 面板就會顯示如下圖的訊息。

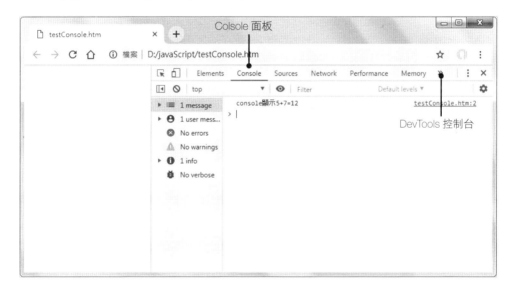

DevTools 主控台的右上方的 ⋮ 鈕可以選擇主控台的位置,從左至右依序是浮動、置於左方、置於下方、置於右方。

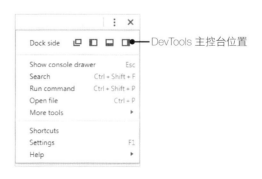

Console 不僅可以輸出 JavaScript 的訊息，也可以用它直接執行 JavaScript 程式碼，只要在 console 面板按一下滑鼠左鍵，這時會出現游標，就可以開始輸入 JS 程式碼，輸入完成之後，按下 Enter 鍵就會執行程式。請您直接於游標處輸入 5+7，按下 Enter 鍵，馬上就會顯示執行結果。一般執行無誤的訊息屬於一般訊息，點選 console 面板左方的 info 類型，console 面板就能過濾只顯示 info 類型的訊息，另外三種類型稍後再做介紹。

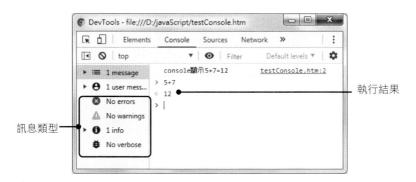

按向上鍵或向下鍵可以依序顯示之前輸入過的程式碼。如果要測試多行程式，可以按下 Shift+Enter 鍵換行，例如底下程式碼是三行程式都輸入完成之後再執行：

按下 Enter 鍵執行之後，Console 面板就會輸出 0~9。您也可以在文字編輯器打好程式碼，直接把程式碼複製過來貼上執行。

TIPS

如果覺得 console 字太小，可以按「Ctrl」+「+」放大；「Ctrl」+「-」將字縮小；「Ctrl」+「0」鍵還原。

Console 物件可以使用的方法 (Method) 很多，log() 是最常用的方法，其他方法說明如下：

◆ assert()

語法如下：

```
assert(assertion, 錯誤訊息)
```

---

assertion 是一種邏輯判斷式，結果只有真 (True) 跟假 (False)，如果是假，則輸出錯誤訊息，例如：

```
x =5;
console.assert(x>10, "x 沒有大於 10");
```

因為 x 沒有大於 10，所以 assert() 會輸出 "x 沒有大於 10" 的錯誤訊息，如下圖。

◆ error()

語法：

```
console.error(message)
```

---

error() 方法會輸出錯誤訊息到主控台，括號內是放置要顯示的訊息，可以是字串或是物件，例如 myobj 是一個物件 (object)，利用 console.error(myobj) 就會顯示為錯誤訊息。

assert() 方法與 error() 方法都是主動將訊息顯示為錯誤訊息，而如果撰寫的程式碼有錯誤，也會列在錯誤訊息，點選 console 面板左手邊的 error 類型，console 面板就可以篩選只顯示錯誤訊息的部分。

◆ warn()

語法：

```
console.error(message)
```

warn() 方法會輸出警告訊息到主控台，括號內是放置要顯示的訊息，可以是字串或是物件，訊息前方會顯示黃色三角圖樣，如下所示：

◆ clear()

語法：

```
console.clear();
```

用來清除主控台上的訊息。執行之後主控台會輸出「Console was cleared」的訊息。

如果想清除 console 面板的訊息，除了使用 clear() 方法之外，您也可以直接在 console 面板空白處按右鍵，點選「Clear console」指令，也可以清除 console 面板的訊息。

◆ count()

語法：

```
console.count(label);
```

Count() 方法是顯示呼叫次數，括號內可以放置要辨識的標籤，不加標籤則以 default 顯示，例如 (count.htm)：

```
console.count()          // 第 1 次呼叫
console.count("A")       // 第 1 次呼叫
console.count("A")       // 第 2 次呼叫
console.count("B")       // 第 1 次呼叫
console.count()          // 第 2 次呼叫
```

執行結果：

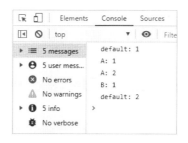

◆ group() 與 groupEnd()

語法：

```
console.group(label)    // 開始分組
console.groupEnd()    // 結束分組
```

Group() 方法是用來建立分組訊息的開始位置，之後的訊息都會歸類於這一個分組，直到 groupEnd() 方法結束分組。例如 (group.htm)：

```
console.log("Hi");
console.group("A 組 ");
console.log("Hello");
console.log(" 這是 A 組裡的訊息 ");
console.groupEnd();
console.log(" 離開分組 ");
```

執行結果：

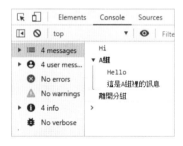

◆ time() 與 timeEnd()

語法：

```
console.time(label)    // 開始計時
console.timeEnd(label)    // 結束計時
```

time() 方法是用來計算程式執行的時間長度，單位是毫秒 (ms)，如果有多個程式需要計時，可以在括號內加上標籤，例如 (time.htm)：

```
console.time("for Loop");    // 開始計時
for (i = 0; i < 100; i++) {
  console.log("hi")
}
console.timeEnd("for Loop");    // 結束計時
```

在 for 迴圈開始之前先加入 time() 方法，For 迴圈會執行 100 次，之後在使用 timeEnd() 方法結束計時，執行結果如下：

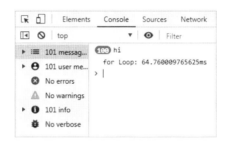

Console 面板的訊息也可以儲存起來，只要在空白處按右鍵執行「save as…」，就可以加以儲存。

第 2 堂課
JavaScript 基礎語法

不少想學習 JavaScript 程式的人，常常以為 JavaScript 程式跟其他程式一樣困難，不容易學習。事實上 JavaScript 是簡單易學的。有程式設計經驗的使用者，輕輕鬆鬆就能上手，若是沒有程式寫作經驗的初學者，透過本章也能夠了解 JavaScript 程式的撰寫方式。

2-1 語法架構

本章將從最基礎的 JavaScript 語法開始，依序介紹 JavaScript 的基本架構、變數、運算子與程式控制結構等重要的組成元素，本書範例以 google Chrome 瀏覽器來執行與測試 JavaScript 程式，請準備好您的文字編輯器及瀏覽器，一起來學習 JavaScript 囉。

▌ HTML 文件加入 JavaScript

JavaScript 是一種描述語言（Script），在 HTML 語法用 <script></script> 標記來使用或嵌入 JavaScript 程式，只要將編輯好的文件儲存為 .htm 或 .html，就可以使用瀏覽器來觀看執行結果。JavaScript 基本語法架構如下：

```
<script type="text/javascript">
        JavaScript 程式碼
</script>
```

<script> 標記的 type 屬性的作用是告訴瀏覽器目前是使用哪一種 Script 語言，目前常用的有 JavaScript 以及 VBScript 兩種，由於 HTML5 的 script 預設值就是 JavaScript，所以也可以不引用這個屬性，直接用 <script></script> 來使用 JavaScript 程式。底下來看一個簡單的範例。

範例：helloJS.htm

```
<script>
        document.write("JavaScript 好簡單！");
</script>
```

執行結果：

請在 helloJS.htm 檔案快按兩下就會開啟瀏覽器，並顯示如上圖的結果。

document.write 是 JavaScript 的語法，功能是將括號 () 內容顯示在瀏覽器上，括號內使用單引號 (') 或雙引號 (") 將字串包起來。document 是一個 HTML 物件，而 write 是方法 (method)。

TIPS

document.write() 方法會在網頁元件載入之後清空所有內容，再將括號 () 內的資料顯示在網頁，如果只是單純測試資料，使用 document.write() 非常方便，不過如果是正式的網頁，請不要使用 document.write() 來輸出文字，建議使用 HTML 元件將資料顯示於網頁上，例如：<div> 顯示的資料 </div>。

JavaScript 程式是由一行行的程式敘述 (statements) 組成，程式敘述包含變數、運算式、運算子、關鍵字以及備註等等，例如：

```
var x, y;                 // 第 1 行程式敘述
x = 2;                    // 第 2 行程式敘述
y = 3;                    // 第 3 行程式敘述
document.write( x + y ); // 第 4 行程式敘述
```

上述是 4 行的程式敘述。JavaScript 程式敘述結尾不管有沒有分號，都可以正確執行，不過為了程式的完整與易讀，以及日後維護程式方便，建議最好還是養成在每一個程式敘述結束加上分號 (;) 的習慣。

當程式敘述結尾使用分號時，可以將敘述寫在同一行，例如前述程式可以如下表示：

```
var x, y; x = 2; y = 3; document.write( x + y );
```

不過，當遇到區塊結構時，會使用大括號「{}」來包圍程式敘述，很清楚定義出區塊程式的起始與結束，就不需要再加分號。例如底下敘述定義了一個名為 func 的函數 (function)，函數區塊結束不需要分號，但區塊內是獨立的程式敘述，仍然要加上分號。

```
function func () {  ●────── 函數區塊開始
  var x, y;
  x = 2; y = 3;
  document.write( x + y );
}  ●────────────────── 函數區塊結束，不需分號
```

▋ 載入外部 JavaScript 檔案

如果要執行的 Javascript 程式比較長，我們可以將它存成 JavaScript 程式檔，再利用 src 屬性將它載入 HTML 文件中。連結外部 JS 檔有下列幾項優點：

1. JS 程式碼可重複使用。

2. HTML 和 JavaScript 碼分離，讓文件更容易閱讀和維護。

3. 快取緩存的 JavaScript 檔，有利加快網頁加載。（快取功能請參考底下的學習小教室）

HTML 檔 Javascript 程式檔，以 *.js 為副檔名。其載入語法如下：

```
<script src=" 檔名 .js"></script>
```

底下來實際操作試試。請在文字編輯器開啟新檔，輸入以下程式敘述：

```
var x, y;
x = 2;
y = 3;
document.write("<br> "+x+" + "+y+" = " + (x + y) );
```

輸入完成之後將檔案儲存為 cal.js。再開啟前一個範例 helloJS.htm，在現有程式下一行，輸入以下程式碼：

```
<script src="cal.js"></script>
```

完成之後 helloJS.htm 整個程式碼會如下：

```
<script>
      document.write("JavaScript 好簡單！");
</script>
<script src="cal.js"></script>
```

快按兩下 helloJS.htm 檔案在瀏覽器查看執行結果：

JavaScript好簡單！
$2 + 3 = 5$

從執行結果可以看出一個 HTML 檔案可以加入多個 script 敘述，JS 引擎會依照程式碼順序執行，所以執行完第一個 script 區塊程式碼，接著載入 cal.js 並執行。

現在再回頭看看 cal.js 裡第 4 行程式碼，如下行所示。

```
document.write("<br> "+x+" + "+y+" = " + (x + y) );
```


 是 HTML 語法，用途是換行，x 與 y 是我們定義的變數，document.write 括號裡將字串相加，(x+y) 會先計算 x+y，值在與前面的字串做字串相加，瀏覽器就會呈現出 $2 + 3 = 5$。

學習小教室

關於瀏覽器的快取 (cache) 功能

所謂瀏覽器快取（cache，也稱「緩存」）是指瀏覽網頁時，瀏覽器會暫存網頁上的靜態資源，包括外部 css 檔、js 檔以及圖檔等等，當使用者再次瀏覽同一份網頁時，這些靜態資源就不會重新被載入，優點是可以加快網頁載入速度，同時也能減少伺服器負擔。缺點是當您修改這些靜態資源之後，如果快取時間還未到期，瀏覽器就只會顯示暫存的舊資料，除非使用者清除快取或是使用 Ctrl+F5 鍵強制重新載入。

續下頁

> 為了避免使用者瀏覽舊資料，建議您可以在修改 CSS 檔、JS 檔或圖檔之後，將連結的外部檔名後方加上問號 (?) 以及隨意字串，例如：
>
> ```
> <script src="txt.js?v001"></script>
> ```
>
> 如此一來，瀏覽器就會認為網址不同，而向伺服器要求重新載入。
>
> 隨意字串可以是英文字母或數字，您可以自訂版本號或是日期，只要不與舊版本重複就行，例如：
>
> ```
> txt.js?20160215
> txt.js?a1
> ```

■ JavaScript 註解符號

「註解」只是做為程式說明，並不會在瀏覽器顯示出來。它是程式設計非常重要的一環，註解程式碼可以讓程式碼更易讀也更容易維護。

註解應該要簡潔、易懂，尤其是團體協同開發時，註解內容更為重要，通常程式設計師會在程式區塊及函數前加上註解：

◆ 程式區塊註解包含簡短的描述、撰寫者以及最後修改日期。

◆ 函數 (funciton) 註解包含功能、參數、傳回值。

如此一來，團隊的每個成員都可以快速瞭解程式及函數的功能，方便彼此溝通。

JavaScript 語法的註解分為「單行註解」以及「多行註解」。

單行註解用雙斜線 (//)

只要使用了 // 符號則從符號開始到該行結束都是註解文字。

多行註解用斜線星號 (/*…註解…*/)

如果註解超過一行，只要在註解文字前後加上 /* 及 */ 符號就可以了。

雖然註解很重要，不過仍應避免多餘的註解。請開啟範例 ch02 的 comment.htm
檔案，我們來看看註解實例：

範例：comment.htm

```
1.    <script>
2.    /*
3.    * * * * * * * * * * * * * * * * * * * *
4.    功能：計算 x+y，並完整顯示計算結果
5.    撰寫：大凌
6.    日期：20190330
7.    * * * * * * * * * * * * * * * * *
8.    */
9.
10.   var x, y;   //宣告 x、y 變數
11.   x = 2;
12.   y = 3;
13.   // 輸出 x+y 的結果
14.   document.write("<br> "+x+" + "+y+" = " + (x + y) );
15.   </script>
```

執行結果：

瞧！註解文字只在文件內看得到，執行時並不會顯示出來。程式 2~8 行是多行註解；第 9 行跟第 13 行使用單行註解，這兩個單行註解就是屬於多餘的註解，因為程式設計者從程式語法就能推斷用途，不需要再用註解來說明一遍。

2-2　變數與資料型別

「程式」簡單來說就是告訴作業系統拿哪些資料（Data）依照指令一步步來完成作業，這些資料會儲存在記憶體，為了方便識別，我們會給它一個名字，稱為「變數」，為了避免浪費記憶體空間，每個資料會依照需求給定不同的記憶體大小，因此有了「資料型別」(Data type) 來加以規範。JavaScript 並不是一種很嚴謹的程式語言，屬於「弱型別」的程式語言，因此資料型別的宣告與一般程式語言會有差異，本節就來看看 JavaScript 的變數以及資料型別。

2-2-1　資料型別 (Data Type)

JavaScript 原生型別包括字串 (String)、數字 (Number)、布林 (Boolean)、undefined(未定義) 和 null(空值)，物件型別 (Object) 以及 Symbol(符號)。

我們先來認識這些原生型別：

◆ 數值 (number)

JavaScript 唯一的數值型別，可以是整數或是帶有小數點的浮點數，例如：123、0.01。需要特別留意的是，JavaScript 數字是採用 IEEE 754 雙精確度 (64 位元) 格式來儲存，IEEE 754 標準的浮點數並不能精確的表示小數，所以在做小數點運算時必須小心，舉例來說：

```
var a = 0.1 + 0.2;
```

上式變數 a 得到的值並不會等於 0.3，而是 0.30000000000000004。這並不是 JavaScript 獨有的問題，只要使用 IEEE 754 標準實作浮點數，在進行運算時都會有浮點數精確度的問題，這是因為電腦只認識 0 跟 1，再將十進位制轉換成二進位制計算時產生的精確度誤差，大多數的程式語言都已經針對精確度問題做處理，JavaScript 則必須手動排除這個問題。當然這對運算結果的影響微乎其微，如果想避免這樣的問題，有兩種方式可以嘗試：

1. 將數值比例放大，變成非浮點數，運算之後再除以放大的倍數，例如：

```
var a= (0.1* 10 + 0.2 * 10) / 10;
```

2. 使用內建的 toFixed 函數強制取到小數點的指定位數，例如：

```
a.toFixed(1);
```

如此一來，得到的值就會是 0.3 了

◆ 字串 (string)

字串是由 0 個或 0 個以上的字元結合而成，用一對雙引號 (") 或單引號 (') 框住字元，例如 "Happy New year"、"May"、"42"、'c'、' 三年一班 '，字串內也可以不輸入任何字元，稱為空字串 ("")。

原生型別不是物件，所以沒有任何的屬性，為了方便使用，我們可以把原生型別當作物件來使用，JavaScript 引擎會自動轉型成對應的物件型別，這樣就可以使用物件的屬性 (null 及 undefined 除外，兩者沒有對應的物件型別)，例如：

```
var mystring = "Hello, World!";
document.write(mystring.length);
```

Length 是字串物件的屬性，用來得知字串的長度。

◆ 布林 (boolean)

布林資料型別只有兩種值，true(1) 跟 false(0)。任何值都可以被轉換成布林值。

1. false、0、空字串 ("")、NaN、null、以及 undefined 都會成為 false。

2. 其他的值都會成為 true。

我們可以用 Boolean() 函數來將值轉換成布林值，例如：

```
Boolean(0)    //false
Boolean(123)  //true
Boolean("")   //false
Boolean(1)    //true
```

通常 JavaScript 遇到需要接收布林值的時候，會無聲無息進行布林轉換，很少需要用到 Boolean() 函數來做轉換。

◆ Undefined(未定義)

Undefined 是指變數沒有被宣告或是有宣告變數，但尚未指定變數的值。我們來看底下的例子。(範例 ch02/undefined.htm)

```
var x;
console.log(x)
```

console.log() 是在瀏覽器的開發者工具 (web developer tool) 顯示括號 () 內的資料。只要在瀏覽器開啟 undefined.htm，按一下 F12 就會顯示開發者工具並印出 console.log() 的訊息。例如 Google Chrome 將會出現如下的 DevTools。

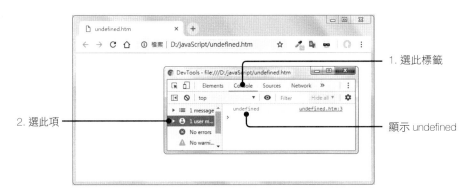

因為 x 尚未賦值，所以會顯示 undefined。

我們可以使用 typeof 關鍵字來判斷變數的型態是否為 undefined，例如想要判斷變數 x 是否為 undefined，可以如下表示

```
var x;
console.log(typeof x === "undefined")    //true
```

三個等號 (===) 是嚴格相等，用來比較左右兩邊是否相等。稍後運算子章節就會介紹。

◆ Null(空值)

null 表示「空值」，當我們想要將某個變數的值清除，就可以指定該變數的值為 null。例如：(ch02/null.htm)

```
1.    var x=2;
2.    console.log(x)
3.    x = null;
4.    console.log(x)
```

上述程式第 2 行會在 console 印出 2，第 4 行會印出 null。

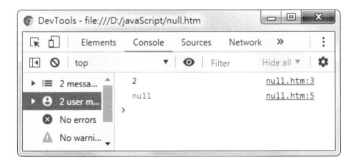

我們可以使用底下方式來判斷變數是否為 null。

```
var x=2;
console.log(x === null)  //false
```

學習小教室

關於 undefined、null、NaN 與 Infinity

null 與 undefined 是很奇妙的兩個原生型別，使用 typeof 來查詢型別，會得到如下結果：

```
typeof(null);    // 得到 object
typeof(undefined);      // 得到 undefined
```

當我們用等於運算子 (==) 來比較 null 跟 undefined 時，會傳回 true，認為這兩者是相同的，使用 (===) 嚴格的等於運算子來比較，會得到 false。

```
document.write(undefined == null);   // 得到 true
document.write(undefined === null);    // 得到 false
```

這必須說明一下，null 不是 object(物件)，ECMAScript 曾想修復此 bug，但考慮保持程式兼容，typeof(null) 仍會是 object。

JavaScript 還有兩個常會搞混的特殊回傳值 NaN 與 Infinity。

◆ NaN 是表示無效的數字，會傳回 NaN 通常會有下列兩種狀況：

　　1. 進行運算時的運算元資料型別無法轉換為數字，例如：

```
var x="a"; y = Number(x); console.log(y);
```

　　Number() 是將物件轉為數值的函數，由於 x 是字串，無法轉換為數字，因此印出 y 時就會顯示 NaN。

　　2. 無意義的運算，例如 0/0

　　我們可以利用 isNan() 函數來檢查是否為 NaN，例如：

```
console.log(-0.2/0)              // false
console.log(isNaN(-1) )         // false
```

續下頁

學習小教室

```
console.log(isNaN('Hello')  )      // true
console.log(isNaN('2019/03/30'))   // true
```

◆ Infinity 是數學的無限大，非 0 的數字除上 0，結果都是 Infinity，例如：
1/0 會傳回 Infinity、-1/0 會傳回 -Infinity。利用 isFinite 可以檢查是否為有
限數值，例如：

```
console.log(isFinite(2/0))         // false
console.log(isFinite(2/2))         // true
```

◆ Object(物件)

除了上述幾種之外，其他都可以歸類到物件型別 (Object)，像是 function(函數)、
Object(物件)、Array(陣列)、Date(日期) 等，例如：{ age: '17' }(物件)、[1, 2, 3]
(陣列)、function a() { ... }(函數)、new Date()(日期)。

◆ Symbol(符號)

Symbol 是 ES6(ECMAScript 6) 新定義的原生資料類型，Symbol 類型的值透過
Symbol() 函數來產生，Symbol() 函數有一個 description 屬性，用來定義 Symbol
的名稱，傳回的值是唯一的識別值。例如：

```
var x = Symbol('s');
var y = Symbol('s');
document.write(x===y)    // 顯示 false
```

由於 Symbol() 每次傳回的符號值都是唯一的，因此 x 與 y 比較是否相等就會傳
回 false(否)。

2-2-2 變數宣告與作用範圍

JavaScript 會在變數宣告與使用時動態配置記憶體，並具有回收記憶體的機制 (garbage collection，簡稱 GC)。不過 JavaScript 的 GC 機制並沒有辦法由程式去控制回收，而是一段時間自動尋找不需要使用的物件，釋放記憶體。以變數來說，當變數的作用範圍 (scope of variables) 結束，就不需要使用了，這時候 GC 就會將記憶體釋放。

變數依照作用範圍可分為全域變數 (global variables) 及區域變數 (local variables)。

所謂區域變數就是變數只能存活在一個固定的區域範圍（以下稱作用域），像是一個函數 (function) 裡面宣告的變數就只能夠在這個函數裡面使用，當函數執行完成並返回之後，變數就會失效；而全域變數是存活在整個程式，任何地方都可以使用這個變數，直到整個程式執行結束。

初學者常犯的錯誤之一就是喜歡將所有變數都宣告為全域變數，隨時隨地都可以使用，不用考慮變數傳遞的問題，相當方便。當程式碼少的時候，看起來沒什麼影響；一旦遇到大量程式碼時，稍一不慎就可能去改變全域變數的值，造成程式執行結果不正確，不僅除錯困難，也徒耗記憶體。

◆ 宣告變數

Javascript 會在宣告變數時完成記憶體配置，例如：

```
var a = 123; // 分配記憶體給數字
var s = 'hello'; //  分配記憶體給字串
var obj = {  a: 1,  b: 'hi' };    // 分配記憶體給物件
var arr = [1, 'hi'];  // 分配記憶體給陣列
var d = new Date(); //  分配記憶體給日期物件
var x = document.createElement('div');   // 分配記憶體給 DOM 物件
```

我們可以使用 var 與 let 關鍵字來宣告變數、const 宣告常數。Let 與 const 關鍵字從 ES6 開始才正式加入規範中。let 和 var 最大的差別在於變數的作用域。底下分別來看看如何宣告變數以及其作用域。

◆ 使用 var 關鍵字宣告變數

使用變數會包含兩個動作,「宣告」以及「初始化」。所謂「初始化」是給變數一個初始值,我們可以先宣告變數之後再指定初始值,也可以宣告一併初始化。

▌宣告變數

```
var name;
```

▌宣告多個變數

```
var name,score;
```

上述方式只宣告變數,這時變數並沒有初始值,同一行可以宣告多個變數,只要用逗號 (,) 區隔開變數就可以了。

▌宣告變數並初始化

宣告變數時同時指定初始值:

```
var name="Eileen",score=25,flag="true";
```

變數宣告時並不需要加上型別,JavaScript 會視需求自動轉換變數型態,例如:

```
var thisValue;
thisValue = 123;      // 變數 thisValue 的內容為數值 123
thisValue = "Hello";    // 變數 thisValue 的內容為字串 Hello
```

底下幾種數值與字串轉換的情況,要提醒讀者特別留意:

1. JavaScript 允許字串相加,當字串內容為數值時,使用加 (+) 號相連結,運算結果仍為字串。

2. 當字串內容為數值,使用減 (-) 號、乘 (*) 號、除 (/) 號相連結,運算結果為數值。

3. null 乘以任何數皆為零。

請參考底下範例：

範例：var.htm

```
1.    <script>
2.    var x="5",y="3",z="1",w=null;
3.    a=x+y+z;              // 字串內容為數值時，相加仍是字串
4.    b=x-y-z;              // 字串內容為數值時，相減則為數值
5.    c=w*55;               // 變數值為 null 時，乘以任何數皆為 0
6.    console.log("x+y+z=", a);
7.    console.log("x-y-z=", b);
8.    console.log("w*55=", c);
9.    </script>
```

執行結果：

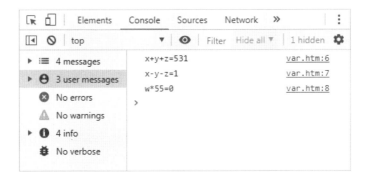

◆ Var 宣告的作用域

Var 關鍵字宣告的變數依作用域 (Scope) 可區分為全域變數及區域變數。

1. 全域變數

   不在函數內的變數都屬於全域範圍變數，此程式文件內都可以使用此一變數。

2. 區域變數

   當變數在函數之內宣告，那麼只有在這一個函數區域內可以使用此一變數。

透過底下範例，您就會清楚 var 變數的宣告及作用域

範例：scope.htm

```
1.    <script>
2.    var x=2;
3.    function cal(){      // 定義 cal 函數
4.          var x=5, y=1;
5.          console.log(x+y);      //6
6.    }
7.    cal();    // 執行 cal 函數
8.    console.log(x);          //2
9.    </script>
```

執行結果：

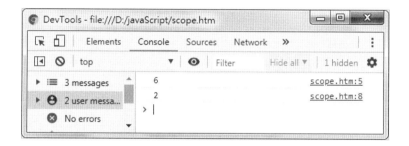

宣告在 cal 函數的變數 x 是區域變數，作用域只有函數裡面，不會影響全域變數，因此第 8 行的 x 仍然是全域變數的值。

不過，如果程式修改如下，執行結果又完全不同了：

```
1.    <script>
2.    var x=2;
3.    function cal(){        // 定義 cal 函數
4.          x=5, y=1;      //x 是全域變數
5.          console.log(x+y); //6
6.    }
7.    cal();    // 執行 cal 函數
8.    console.log(x); //5
9.    </script>
```

程式第 4 行沒有用 var 來宣告變數，此時的變數是全域變數 x，因此當函數內的 x 變更為 5，等於改變了全域變數 x 的值，第 8 行的 x 值也會跟著變更。

變數使用前必須先宣告，否則會出現 ReferenceError 錯誤，例如：

```
var x=y+1;    //ReferenceError: y is not defined
```

上行敘述的變數 y 尚未宣告，就會出現「ReferenceError: y is not defined」的錯誤訊息。

然而變數可以不宣告直接給初始值，省略宣告的變數都會被視為全域變數，例如：

```
y=2;
var x=y+1;    //3
```

JavaScript 的宣告具有 Hoisting(提升) 的特性，這是因為一段程式碼在開始執行之前會先建立一個執行環境，這時變數、函式等物件會被建立起來，直到執行階段才會賦值。這也就是為什麼呼叫變數的程式碼就算放在宣告之前，程式碼仍然可以正常運作的原因。由於建立階段尚未有值，變數會自動以 undefined 初始化，例如：

```
console.log(x);    // undefined
var x;
```

上面程式執行並不會出現錯誤，只是 console 會顯示返回的 undefined。

Hoisting 是撰寫 JavaScript 程式很容易被忽視的特性，如果開發時沒有注意，程式執行結果就有可能出錯，為了避免錯誤，在使用變數之前，最好還是進行宣告並指定初始值比較妥當。

◆ 使用 let 關鍵字宣告變數

Let 關鍵字宣告方式與 var 相同，只要將 var 換為 let，例如：

```
let x;
let x=5, y=1;
```

◆ let 宣告的作用域

Var 關鍵字認定的作用域只有函數,這一點常被詬病,因為程式中的區塊不只有函數,程式的區塊敘述是以一對大括號 { } 來界定,像是 if、else、for、while 等控制結構或是純粹定義範圍的純區塊 {} 等等都是區塊。

ECMAScript 6 新的 let 宣告語法帶入了區塊作用域的概念,在區塊內屬於區域變數,區塊以外的變數就屬於全域變數,來看一個實例。

範例:let.htm

```
1.    <script>
2.    var a=5,b=0;
3.    let x=2,y=0;
4.    {
5.         var c = a + b;
6.         let z = x + y;
7.
8.    }
9.    console.log("c=", c);      //5
10.   console.log("z=", z);      //error
11.   </script>
```

執行結果:

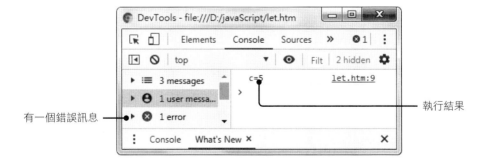

有一個錯誤訊息

執行結果

變數 z 是在區塊內以 let 關鍵字宣告，因此變數 z 只存在區塊內，當第 10 行使用變數 z 時就會出現 z 未定義的錯誤訊息。請參考下圖點選 console 視窗的 1 error，就會清楚列出錯誤原因。

let 指令是比較嚴謹的宣告方式，同一區塊不可以重覆宣告同名變數，而且變數尚未初始化之前不會以 undefined 初始化，因此從變數宣告到初始化之前，變數將無法操作，這一段時間俗稱「暫時死區」(Temporal Dead Zone，簡稱 TDZ)，如果在變數尚未初始化之前試圖去操作它就會出現錯誤，例如：

```
console.log(x);    // ReferenceError: x is not defined
let x;
```

◆ 使用 const 關鍵字宣告常數

Const 跟 let 關鍵字一樣都是 ES6 新加入的宣告方式，跟 let 一樣，具有區塊作用域的概念，Const 是用來宣告常數 (Constants)，也就是不變的常量，因此常數不能重覆宣告，而且必須指定初始值，之後也不能再變更它的值，例如：(ch02/const.htm)

```
<script>
const x = 10;
x = 15;    // 常數不能再指定值
console.log(x);
</script>
```

執行結果就會出現指定常數值的錯誤：

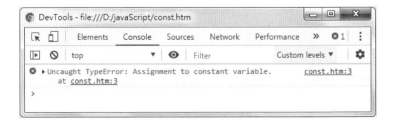

◆ 變數名稱的限制

JavaScript 雖然是較鬆散的語法，不過變數名稱還是有些規則必須遵守喔！

1. 第一個字元必須是字母 (大小寫皆可) 或是底線 (_)，之後的字元可以是數字、字母或底線。

2. 區分大小寫，var ABC 並不等於 var abc。

3. 變數名稱不能用 JavaScript 的保留字，所謂保留字是指程式開發時已定義好的詞庫，每一識別字都有特別的意義，所以程式設計者不可以再重複賦予不同的用途。

為避免您命名時不小心誤用，下表列出 JavaScript 的保留字供您參考：

abstract	boolean	break	byte	case
catch	char	class	const	continue
default	do	double	else	extends
false	final	finally	float	for
function	goto	if	implements	import
in	instanceof	int	interface	long
native	new	null	package	private
protected	public	return	short	static
super	switch	synchronized	this	throw
throws	transient	true	try	var
void	while	with		

2-2-3 強制轉換型別

JavaScript 具有自動轉換資料型別 (coercion) 的特性，讓我們在撰寫程式時更靈活有彈性，不過有時也會造成困擾，例如：

```
let x = 3, y = '5';
let z = x + y;
```

```
console.log(x+y);
console.log(typeof z);    //string
```

從上面敘述看得出來 y 是字串，所以依照前面所學，您應該判斷的出來 z 的答案，答案就是字串 35；我們可以用 typeof 指令來查看變數 z 的型別，會得到 z 是 string 型別。

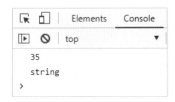

我們來模擬一個狀況，假設下列敘述是計費的程式，x 與 y 都是函數的參數：

```
function billing(x, y){
    let z = x + y;
}
```

假設函數引數傳入時沒有注意到型別，如此輸入：

```
billing(3, '5')
```

您可以想像計算出來的費用會有多離譜！

因此，撰寫程式的時候要防範強制轉型可能帶來的錯誤，以上面程式來說，在計算之前可以先檢查傳入的引數是否為數字，例如：

```
function billing(x, y){
    if(typeof(x)==="number" && typeof(y)==="number"){   //if 判斷式
        let z = x + y;
    }
}
```

檢查變數 x 與 y 的值都是 number 型別時再進行運算。

除此之外,我們也可以利用一些 JS 內建的函數來轉換資料型別,以確保資料型別符合我們需求,底下就來介紹常用來轉換型別的內建函數。

█ parseInt() : 將字串轉換為整數

由字串最左邊開始轉換,一直轉換到字串結束或遇到非數字字元為止,如果該字串無法轉換為數值,則傳回 NaN。例如:

```
a = parseInt("35");         //  a = 35
b = parseInt("55.87");      //  b = 55
c = parseInt("3天");        //  c = 3
d = parseInt("page 2");     //  d = NaN
```

█ parseFloat(): 將字串轉換為浮點數

用法與 parseInt() 相同,例如:

```
a = parseFloat("35.345");    //  a = 35.345
b = parseFloat("55.87");     //  b = 55.87
```

█ Number(): 將物件或字串轉換為數值

如果物件或字串無法轉換為數值,則傳回 NaN,例如:

```
a = Number("10a")        // a=NaN
b = Number("11.5")       //b=11.5
c = Number("0x11")       // c = 17
d = Number("true")       // d = 1
e = Number(new Date())   //e = 1553671784021 (傳回1970/1/1至今的毫秒數)
```

TIPS

Date 物件是以世界標準時間 (UTC) 1970 年 1 月 1 日開始的毫秒數值來儲存時間,因此當使用 Number() 將 Date 物件轉換為數值就會得到 1970 年 1 月 1 日到程式執行當下的毫秒數。

▌typeof: 傳回資料型別

Typeof 是型別運算子能夠傳回資料的型別，下列兩種方式都可以使用：

◆ typeof 資料

◆ typeof(資料)

例如：

```
typeof("Eileen");    // 傳回 "string"
typeof 123;          // 傳回 "number"
typeof null;         // 傳回 "object"
```

typeof 帶入任何資料都會傳回字串，如果是尚未宣告的變數會傳回 "undefined"，例如：

```
console.log(typeof x);    // 傳回字串 "undefined"
console.log(x);    // 傳回 undefined
var x;
```

　　請仔細比較一下使用 typeof 指令讀取 x 與單獨讀取變數 x 傳回值的差異，因 JavaScript 的 Hoisting 特性，會傳回 undefined，typeof 指令傳回的資料都是字串，因此 console 顯示的是字串。

2-3 運算式與運算子

函數 (Function)、敘述 (statements)、運算式 (expression) 是 JavaScript 很重要的成員，一個運算式是由運算元 (operand) 以及運算子 (operator) 所構成，所以運算元與運算子可說是學習 JavaScript 的基礎喔！

2-3-1　運算式

運算子和運算元的組合稱為運算式。例如 1+2=3，其中的「+」是運算子，1 和 2 是運算元。

JavaScript 運算式可分為四種：指定運算式、算術運算式、布林運算式和字串運算式。

▌ 指定運算式

利用指定運算子 (=,+=,-=,*=,/=,%=..) 將運算式右邊的值指定給左邊。例如：

```
a=3;
```

會將等號右邊的 3 指定給變數 a。

▌ 算術運算式

由常數、變數、函數、括號、運算子 (*、/、\、+、-) 所組成的式子。例如：

```
a+b;
a++;                  //a 增加 1
(a+b)%10;    //% 為取餘數
a-8*b/c;
```

▌ 字串運算式

兩個以上的字串利用「+」號可以組合成一個新的字串，例如：

```
"Hello!!" +"world "      // 輸出結果 "Hello!!world "
```

如果運算式中同時含有數值及字串，則數值會自動被轉換為字串。

```
let a=" 我今年 ",b=18,c=" 歲 ";
d=a+b+c;          // 輸出結果 d= 我今年 18 歲
```

學習小教室

JavaScript 也允許使用跳脫 (Escape) 字元 (\)，加入具有特殊用途的符號，如下表：

Escape 特殊字串	說明
\b	倒退 (相當於按下 Backspace 鍵)
\f	換頁
\n	換行
\r	游標返回行首。
\t	水平定位跳格 (相當於按下 Tab 鍵)
\'	單引號 (') 符號
\"	雙引號 (") 符號
\\	反斜線 (\) 符號

布林運算式

布林運算式通常搭配邏輯運算子來比較兩個運算式 (expressio)，寫法如下：

```
expression1 && expression2
```

邏輯運算子「&&」表示「且」，當 expression1 和 expression2 都成立時才會得到 true 值，否則為 false 值。例如：

```
x = 10;
y = 30;
(x > 25)&&(y>10)   // 輸出結果為 false
```

認識了運算式之後，我們緊接著來介紹 JavaScript 程式常出現的各種運算子。

2-3-2 指定運算子

指定運算子的用途是將指定運算子右方的值指定給左方的變數，最常用的指定運算子就是等號 (=)。請您特別留意指定運算子的 (=) 號並不是「等於」的意思而是「指定」。在 JavaScript 語法中等於是以兩個等號 (==) 來表示喔！下表為常用的指定運算子。

指定運算子	範例	說明
=	a=b	將 b 的值指定給 a
+=	a+=b	a=a+b
-=	a-=b	a=a-b
*=	a*=b	a=a*b
/=	a/=b	a=a/b
%=	a%=b	a=a%b(% 為取餘數)

範例：assignment_operator.htm

```
<meta charset="UTF-8" />
<script>
let a = 30;
let b = 60;
console.log("a=",a,",b=",b);
a += b;                        //a=a+b
console.log("a+=b，a=",a);
a-=b;                          //a=a-b
console.log("a-=b，a=",a);
a*=b;                          //a=a*b
console.log("a*=b，a=",a);
a/=b;                          //a=a/b
console.log("a/=b，a=",a);
a%=b;                          //a=a%b(a 除以 b 得到的餘數指定給 a)
console.log("a%=b，a=",a);
a=b;                           // 將 b 值指定給 a
console.log("a-b，a-",a);
```

```
</script></body>
</html>
```

執行結果：

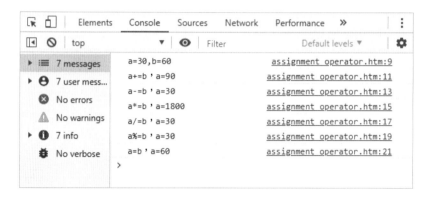

2-3-3 算術運算子

算術運算子就是一些基本的四則運算，包括加、減、乘、除、以及取餘數等等。為了讓運算式更精簡，運算常用到的增量運算，例如：a=a+1，可以用 a++ 來表示。下表為常用的算術運算子。

算術運算子	範例	說明
+	a=b+c	加
-	a=b-c	減
*	a=b*c	乘
/	a=b/c	除
%	a=b%c	取餘數
++	a++	相當於 a=a+1
--	a--	相當於 a=a-1
-	-a	負數

範例：arithmetic operator.htm

```
<meta charset="UTF-8" />
<script>
//算術運算子
let a = 5;
let b = 2;
let c = a + b;
console.log("a=",a,",b=", b);
console.log("a+b=", c);
a++;                    //相當於 a=a+1;
console.log("a++, a=",a);
x = 10 % 3;             //取餘數
console.log("10 除以 3, 餘數為 ",x);
</script>
```

執行結果：

算術運算子「++」及「--」的作用分別是增量及減量，例如 arithmetic operators. htm 範例中 a=5，所以執行 a++ 之後，a 等於 6。「++」運算子也可以放在變數後方，例如 ++a，只是放置的位置會影響到變數的值與計算結果。

算術運算子	說明
++a	運算前增量
a++	運算後增量
--a	運算前減量
a--	運算後減量

請看底下範例。

範例：assignment_operator1.htm

```
<script>
let a,z;
a=5,z=a++;
console.log(z);
a=5,z=++a;
console.log(z);
a=5,z=a--;
console.log(z);
a=5,z=--a;
console.log(z);
</script>
```

執行結果：

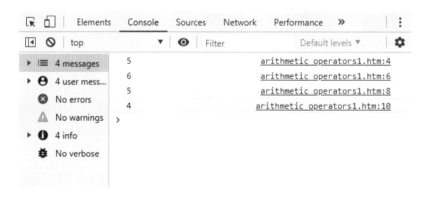

從上個範例中可以清楚知道，「a++」是運算後增量，所以在「z=a++」式子中，a 值會先指定給 z，所以 z 值為 5；而「++a」是運算前增量，因此「z=++a」式子中，a 值會先加 1，再指定給 z，所以 z 值等於 6。

2-3-4 比較運算子

比較運算子常用於比較兩個運算元或運算式之間的大小關係，當關係成立時結果為 true(1)，關係不成立時則為 false(0)。下表詳列常用的比較運算子。

比較運算子	範例	結果 (a=5)	說明
= =	a = = 10	false	等於
! =	a ! = 10	false	不等於
>	a >10	false	大於
> =	a > = 10	false	大於或等於
<	a < 10	true	小於
< =	a <= 10	false	小於或等於

詳細用法請參考底下範例。

範例：

```
<script>
// 比較運算子
let a=5;
console.log(a < 10)
console.log(a == 5)
console.log(a > 10)
</script>
```

執行結果：

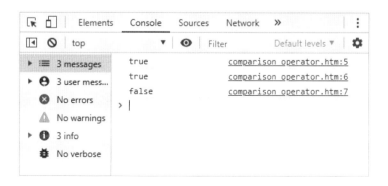

2-3-5 邏輯運算子

邏輯運算子多數用來檢查條件是否符合。下表詳列常用的比較運算子。

邏輯運算子	範例	說明
&&	a && b	and(只有 a 與 b 兩方都為真,結果才為真)
||	a || b	or(只要 a 與 b 一方為真,結果就為真)
!	!a	Not(只要不符合 a 者, 皆為真)

&& 和 \|\| 運算子事實上是將 a 與 b 轉換為布林值來比較。&& 運算子如果 a 是 false,會傳回 a,否則傳回 b,所以只有在 a 跟 b 都是 true,結果才會為真。

\|\| 運算子如果 a 是 true,會傳回 a,否則傳回 b,所以 a 跟 b 其中一個是 true,就會為真。

邏輯運算子的使用方式請參考底下範例。

範例:

```
<script>
// 邏輯運算子
let a=10,b=50;

console.log(a <= 10  &&  a == b)     // 兩邊都必須成立才為真
console.log(a <= 10  ||  a == b);    // 兩邊其中一個成立就為真
console.log(!(a == 10));       // 當 a 不等於 10 時為真
</script>
```

執行結果：

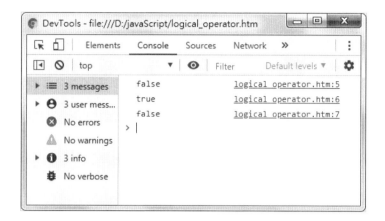

範例中分別使用了 &&(且)、||(或)、!(not) 三種邏輯運算子，其中「!(a==10)」
結果為 false，因為 a==10 為 true，加上 !(not) 之後就變為 false 了。

2-3-6 運算子優先順序

當程式執行時，擁有較高優先順序的運算子會在擁有較低優先順序的運算子之
前執行。例如，乘法會比加法先被執行。

下表列出 JavaScript 運算子的優先順序，由最高優先順位排到最低順位。

功能	運算子
括號	.、[]、()
變號、增量、減量	++、--、-、~、!
乘除法	*、/、%
加減法	+、-
位移	<<、>>
比較	<、<=、>、>=
等值、不等值	==、!=
位元邏輯	&
位元互斥邏輯	^

功能	運算子
位元邏輯	|
且	&&
或	||
三項運算式	?:
算術	=

括號 () 的優先順序最高，所以括號 () 內的運算式會先被執行，例如：

```
a = 100 * (80 - 10 + 5)
```

運算式中有五個運算子：=、*、()、-、和 +。根據運算子優先順序的規則，這一個運算式的執行順序如下：()、-、+、*、=。

運算順序步驟如下：

1. 括號內的運算式會先被計算，在括號內有一個加法運算子和一個減法運算子，因為這兩個運算子的優先順序相同，所以會從左到右來計算，結果值為75。

2. 接下來進行乘法的運算，結果為 7500。

最後將值 7500 指定給 a。

第3堂課

程式控制結構

控制結構是學習程式設計一
門很重要的課程，程式執行未
必得由上到下一行一行執行，有
時可以設定一些條件讓程式依照我
們的需求來執行，也就是控制程式的
流程。控制結構可分為：循序、選擇及
重複結構，循序就是最基本的一行一行依
先後順序逐步完成，本節將為您說明選擇與
重複的控制結構。

3-1　選擇結構

選擇結構是經常使用的一種控制結構，JavaScript 提供了「if...else」以及「switch...case」二種選擇結構，讓我們撰寫程式能夠靈活有彈性。

3-1-1　if…else 條件敘述

if...else 條件敘述主要是判斷條件式是否成立，當條件式成立時才執行指定的程式敘述。如果只有單一判斷，我們也可以單獨使用 if 敘述。

舉兩個例子相信您就可以體會使用選擇結構的時機：

◆ 如果消費滿 1000 元，那麼就免運費
　→ if (消費滿 1000 元){ 免運費 }

◆ 如果學生分數大於等於 90 分，那麼就得到等級 A；如果分數介於 60~89 分，那麼就得到等級 B；如果分數小於 60 分，那麼就得到等級 C。
　→

```
if ( 分數大於等於 90 ){
    等級 A
}else if ( 分數介於 60~89 分 ){
    等級 B
}else{
    等級 C
}
```

▌if 敘述

在條件敘述中，最常使用的就是 if 敘述，其一般格式如下：

```
if (條件運算式){

    程式敘述；

}
```

在上述格式中,若條件運算式的值是 true,則執行括號 {} 中的程式碼;反之,則跳過 if 敘述而往下執行其他敘述,如下圖所示。

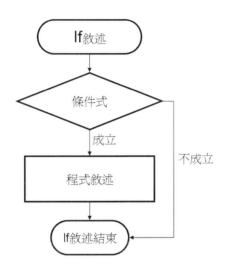

如果 if 內的程式敘述只有一行,可以省略大括號 {}:

```
if (條件運算式)
    程式敘述;
```

■ if…else 敘述

如果條件運算式有兩種以上不同的選擇,則可使用 if-else 敘述,格式如下所示:

```
if (條件運算式) {
      程式敘述;
} else {
     程式敘述
}
```

當 if 條件運算式的值成立 (true),將執行 if 程式敘述內的程式,並跳過 else 內的敘述;當 if 條件運算式的值不成立 (false),則執行 else 內的程式敘述。

如果 if 及 else 內的程式敘述只有一行，同樣可以省略大括號 {}。例如：

```
if(a==1) b=1; else b=2;
```

上述敘述也可以使用三元運算子「?:」來達成，三元運算子格式如下：

條件運算式 ? 程式敘述 1 : 程式敘述 2

條件運算式成立就執行程式敘述 1，否則就執行程式敘述 2，例如上面敘述可以如下表示：

```
b = (a==1?1:2);
```

在這裡三元運算子並不需要加上括號，加上括號只是為了程式易讀。

如果有超過兩種以上的選擇，可以使用 else if 敘述來指定新條件，格式如下：

```
if (條件運算式 1) {
      程式敘述 ;
} else if (條件運算式 2) {
    程式敘述
} else {
程式敘述
}
```

底下範例自動產生一個 0~900 的隨機整數，判斷此整數是大於等於 50 或小於 50。

範例：if⋯else.htm

```
<script>
//if...else 判斷式

let n = Math.floor(Math.random()*100);

if (n >= 50)
```

```
{
    console.log(n + " 大於等於 50");
}else{
    console.log(n + " 小於 50");
}

// 使用三元運算子的寫法
n >= 50 ? (
    console.log(n + " 大於等於 50")
) : (
    console.log(n + " 小於 50")
);
</script>
```

執行結果：

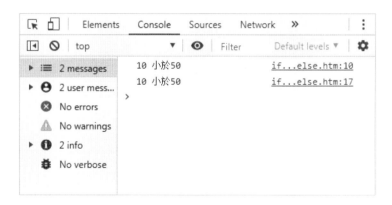

上述範例希望 n 是隨機的 0~99 的整數，這裡使用了 JavaScript 的內建函數 Math.random() 及 Math.floor()，Math.random() 用來隨機產生出 0~1 之間的小數，Math.floor 則是回傳無條件捨去後的最大整數。

學習這個範例之後，相信您對 if 敘述更加瞭解了！

如果程式需要根據某個變數或運算式的值來選擇相對應的動作，如果選擇很多種，使用 else if 敘述就必須寫很多層，不僅撰寫容易出錯，程式也不易閱讀，這時，我們可以考慮使用另一種條件判斷結構— switch…case 敘述。

3-1-2 switch⋯case 敘述

switch 敘述只需要在入口取得變數或運算式的值，然後與 case 值比對是否符合，符合時就執行對應的程式敘述，如果沒有任何 case 相符，則執行預設的程式敘述。舉個例子來說，漫威超級英雄很多，我們想要指定一位超級英雄就顯示他的超能力或武器，如果找不到則顯示「找不到符合的漫威英雄」。

如果使用 if⋯else 敘述，可以這樣描述：

```
if（漫威英雄 === 雷神索爾）{
    雷神之錘；
}else if(漫威英雄 === 鋼鐵人){
    動力裝甲、掌心衝擊光束；
}else if(漫威英雄 === 蜘蛛人){
    蜘蛛感應、蜘蛛絲；
}else if(漫威英雄 === 美國隊長){
    星形盾牌；
}else if(漫威英雄 === 綠巨人浩克){
    力量與耐力；
}else if(漫威英雄 === 金鋼狼){
    超強自癒能力、金剛爪；
}else{
    找不到符合的漫威英雄；
}
```

從上面的描述可以看到判斷式是很單純的漫威英雄人物比對，這時候就很適合以 switch⋯case 來比對，底下以 switch⋯case 描述。

```
switch（漫威英雄）{
  case "雷神索爾":
    雷神之錘；
    break;
  case "鋼鐵人":
    動力裝甲、掌心衝擊光束；
    break;
```

```
case " 蜘蛛人 ":
    蜘蛛感應、蜘蛛絲 ;
    break;
case " 美國隊長 ":
    星形盾牌 ;
    break;
case " 綠巨人浩克 ":
    力量與耐力 ;
    break;
case " 金鋼狼 ":
    超強自癒能力、金剛爪 ;
    break;
default:
        找不到符合的漫威英雄 ;
}
```

利用 switch…case 描述是不是簡潔多了呢 ! 趕快來學習 switch…case 的用法。

▌ switch…case 敘述

想要根據變數或運算式的值來決定執行的程式時，就可以使用 switch…case 敘述。其格式如下：

```
switch( 變數或運算式 )
{
    case value1:
        程式敘述 ;
        break;
    case value2:
        程式敘述 ;
        break;
    .
    .
    .
    case valueN:
```

```
    程式敘述；
    break;
  default:
    程式敘述；
}
```

switch 敘述中可以有任意數量的 case 敘述，value1~valueN 是指用來比對的值，當括號 () 內變數的值與某個 case 的變數值相同時，則執行該 case 所指定的敘述，當值與每個 case 值都不相同，會執行 default 所指定的指令。當 JavaScript 執行到 break 關鍵字時，就會離開 switch 程式區塊

例如：

```
switch(week){
    case "一":console.log("星期一");break;
    case "二":console.log("星期二");break;
    case "三":console.log("星期三");break;
}
```

上例是以變數 week 的值來決定程式的執行。當 week 等於一時，會執行 case "一" 指定的敘述。

底下範例利用 switch...case 敘述判斷今天是星期幾。

範例：switch…case.htm

```
<script>
//switch...case 判斷式
let day;
switch (new Date().getDay()) {
  case 0:
    day = " 星期日 ";
    break;
  case 1:
    day = " 星期一 ";
    break;
```

```
    case 2:
      day = " 星期二 ";
    break;
    case 3:
      day = " 星期三 ";
    break;
    case 4:
      day = " 星期四 ";
    break;
    case 5:
      day = " 星期五 ";
    break;
    case 6:
      day = " 星期六 ";
  }
console.log(" 今天是 "+day)
</script>
```

執行結果：

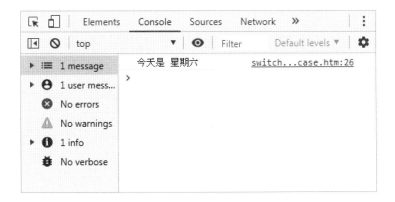

在 JavaScript 中使用 new Date() 物件來取得日期時間，接著就可以透過 getFullYear()、getMonth()、getDate() 方法分別來取得年、月、日，getDay() 方法 會返回星期幾的數值，數值是 0~6 的整數，0 代表星期天、1 代表星期一、2 表 示星期二，依此類推。

每個 case 敘述的程式碼結束，記得要加上 break; 敘述來跳出 switch 敘述，否則會繼續往下執行其他的 case 程式。如果不同的 case 變數想使用相同的程式碼，就可以將 case 寫在一起，來看另一個範例。

範例：switch...case1.htm

```
<script>
//switch...case 判斷式
let val;
switch (new Date().getDay()) {
  case 4:
  case 5:
    val = " 快要放假囉 ";
    break;
  case 0:
  case 6:
    val = " 今天是放假日 ";
    break;
  default:
    val = " 好想放假 ";
}
console.log(val)
</script>
```

執行結果：

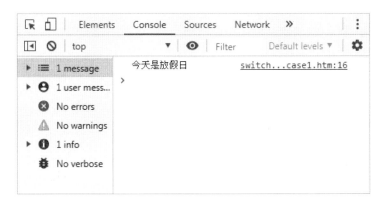

上述程式 case 4 和 case 5 會共用相同的程式碼；case 0 和 case 6 共用另一段程式碼。

3-2　重複結構

重複結構的邏輯就如同日常生活中的「如果…就繼續…」的情況相同，當條件運算式成立時就會重複執行某一段程式敘述，因此我們也把這種結構稱為「迴圈」。

迴圈敘述主要是當條件式成立時，重複執行迴圈內的程式。迴圈的條件運算式設計要十分謹慎，如果條件一直都成立，程式就會一直重複執行，造成「無窮迴圈」。

JavaScript 的迴圈敘述有 for 敘述、for..in 敘述、while 敘述跟 do…while 敘述。

3-2-1　for 迴圈

for 迴圈的變數可以使用 const、let 或 var 來宣告，使用 const、let 宣告的變數生命周期只在迴圈裡，迴圈執行結束就跟著結束，格式如下：

```
for(let 變數起始值 ; 條件式 ; 變數增減值 )
{
    程式敘述；
}
```

for 迴圈在每次迴圈重複前，會先測試條件式是否成立。如果成立，則執行迴圈內部的程式；如果不成立，就跳出迴圈，而繼續執行迴圈之後的第一行程式，如右所示：

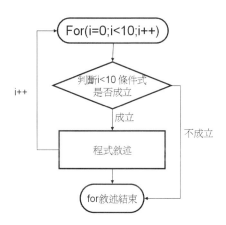

底下範例中我們利用 for 迴圈來計算 1~10 的平方值。

範例：for_loop.htm

```
<script>
//for 迴圈
for (i=1; i<=10; i++) {
  console.log(i + " 平方 = "+ (i*i));
}
console.log(" 現在 i 值 = "+ i);
</script>
```

執行結果：

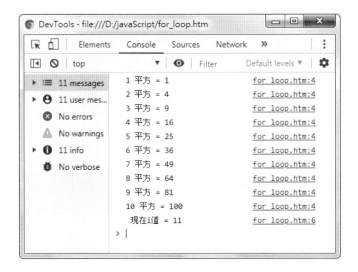

範例中的 for 迴圈敘述：

```
for (i=1; i<=10; i++)
      起始值   條件式  遞增值
```

for 迴圈每執行一次 i 值就會加 1，當 i 值小於或者等於 10 時，就會進入迴圈執行迴圈內的敘述，當 i 值增加到 11 時，不符合條件式 (i<=10)，就會離開迴圈。

3-2-2 for⋯in 迴圈

for⋯in、forEach、for⋯of 迴圈主要是用來遍歷可疊代物件，所謂的「遍歷」是指不重覆拜訪物件元素的這個過程。這一小節我們先來看看 for⋯in 迴圈的用法。

for⋯in 是針對具有可列舉屬性 (enumerable) 的物件使用，格式如下：

```
for (let 變數 in 物件) {
    程式敘述
}
```

例如：

```
let fruit = ["apple", "tomato", "Strawberry"];   // 陣列 Array
for (let x in fruit) {
    console.log(fruit[x]);
}
```

JavaScript 的物件屬性是一對鍵 (key) 與值 (value) 屬性的組合，上述程式建立一個名為 fruit 的陣列物件，陣列內有三個元素，每個陣列元素會自動指定從 0 開始的 Key 值，如同下表：

key	Value
0	"apple"
1	"tomato"
2	"Strawberry"

x 是自訂的變數，x 會對應到 fruit 物件的 key 屬性，也就是陣列的索引值，中括號 [] 是鍵值存取的方式，所以使用 fruit[x] 則會取出對應的值 (value)。如果您使用 console.log(x) 將 x 輸出來看，將會得到 0、1、2。

for⋯_in 迴圈會依序讀取下一個元素，直到沒有元素為止，所以上述程式執行之後將會得到如下的結果：

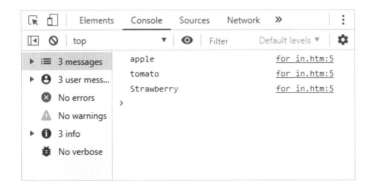

for…in 遍歷的是物件的屬性，而不是索引，所以也可以用來遍歷物件 (object)，物件與陣列在之後的章節都會介紹，這裡僅稍作說明，透過底下範例來實際操作一次 for…in 的用法。

範例：for…in.htm

```
<script>
//for..in 迴圈
let person = {name:"Eileen", age:19, tel:"07-71112345"};  // 物件
object
for (let x in person) {
  console.log(person[x]);
}
</script>
```

執行結果：

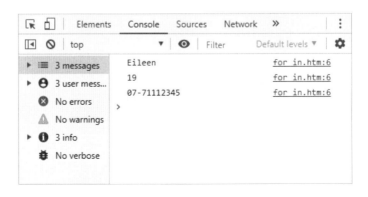

物件 (object) 可以指定 key 與 value 屬性，如果您使用 console.log(x) 將 x 輸出來看，將會輸出 name、age、tel。

JavaScript 的物件屬性除了鍵值 (key/value) 之外，還包含了其它屬性，ECMAScript5 之後允許開發者透過屬性描述器的介面 PropertyDescriptor 來定義新屬性或修改屬性，可設定的包括 value(值)、writable(可修改)、enumerable(可列舉)、configurable(可配置)、set 與 get 等屬性描述。如果 enumerable 屬性設為 false，表示不可被列舉，那麼使用 for…in 迴圈來列舉時將不會顯示出來。

3-2-3 forEach 與 for…of 迴圈

forEach 迴圈只能使用於陣列 (Array)、地圖 (Map)、集合 (Set) 等物件，用法與 for…in 用法類似，格式如下：

```
物件 .forEach(function( 參數 [,index]){
    程式敘述
})
```

這裡的 function 是匿名函式，這個函式將會把物件的每一個元素作為參數，帶進函式裡一一執行。function 也可以使用 ES6 規範的箭頭函式。

```
物件 .forEach( 參數 => {
    程式敘述
})
```

範例：forEach.htm

```
<script>
//forEach 迴圈
let fruit = ["apple", "tomato", "Strawberry"];   // 陣列 Array
```

```
fruit.forEach(function(x) {
  console.log(x);
})
</script>
```

執行結果：

```
apple
tomato
Strawberry
>
```

▌ for…of 迴圈

for…of 迴圈語法看起來與 for…in 語法相似，應用的範圍很廣泛，像是陣列 (Array)、地圖 (Map)、集合 (Set)、(字串)String、arguments 物件都可以使用，不過不能用來遍歷一般物件 (object)，變數可以使用 const，let 或 var 來宣告，格式如下：

```
for (let 變數 of 物件) {
   程式敘述
}
```

範例：for_of.htm

```
<script>
//for..of 迴圈
let fruit = ["apple", "tomato", "Strawberry"];
for (x of fruit) {
  console.log(x);
}
</script>
```

執行結果：

```
apple
tomato
Strawberry
>
```

for…in 與 forEach 迴圈是 ES5 的規範；for…of 迴圈是 ES6 的規範，for…in 迴圈不僅遍歷物件實體的屬性也包括原型屬性，在不同瀏覽器就可能會造成遍歷的順序不同，因此使用 for…in 與 for…of 迴圈比較起來 for…of 是比較好的選擇，但 for…of 迴圈是 ES6 新的規範，相容性沒這麼好，像是 IE 瀏覽器就不支援 for…of 語法，使用就必須多加考量。

3-2-4 while 迴圈

while 迴圈格式如下：

```
while( 條件判斷式 )
{
    程式敘述
}
```

while 迴圈會在條件式成立時，反覆執行 {} 內的程式敘述，如下所示：

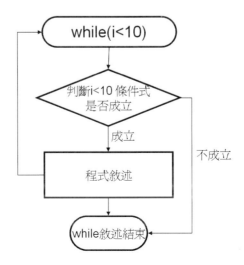

底下範例中我們利用 while 迴圈來計算 1~10 的平方值。

範例：

```
<script>
//while 迴圈
let i=1;
while(i<=10) {
  console.log(i + " 平方 = "+ (i*i));
  i++;
}
console.log(" 現在 i 值 = "+ i);
</script>
```

執行結果：

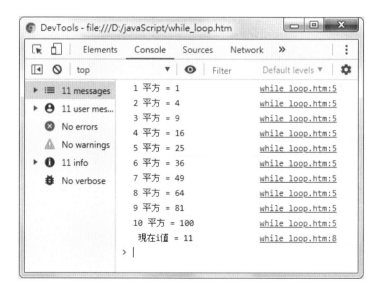

使用 While loop 有兩個重點，提醒您留意：

1. 必須先指定變數的起始值

2. 條件式中的變數值的增減，必須寫在 while{} 內，否則變數 i 永遠不會改變，
   迴圈一直執行就會造成無窮迴圈！

範例中 while 迴圈內 i++; 這行敘述的作用就是讓變數每執行一次迴圈就將 i 值加 1，直到 i 大於 10 就會離開迴圈。

3-2-5 do⋯while 迴圈

do⋯while 迴圈格式如下：

```
do{
    程式敘述
}
while(條件式)
```

do⋯while 與 while 迴圈一樣，會在條件式成立時，反覆執行 {} 內的程式敘述。兩者的差異在於 while 迴圈的條件式是在 {} 之前，當條件式不成立時，就會跳出 while 迴圈，{} 內的敘述完全不執行；而 do⋯while 的條件式是在 {} 之後，所以即使條件式不成立，{} 內的敘述至少會被執行一次，如下所示：

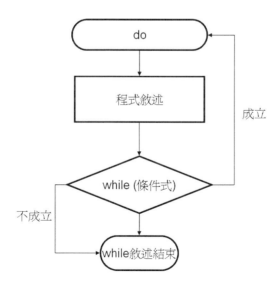

底下範例中我們利用 do⋯while 迴圈來計算 1~10 的平方值。

範例：

```
<script>
//do...while 迴圈
let i=1;
do {
  console.log(i + " 平方 = "+ (i*i));
  i++;
}while(i<=10)

console.log(" 現在 i 值 = "+ i);
</script>
```

執行結果：

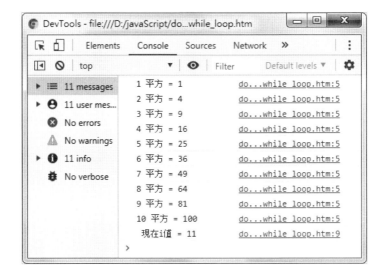

do…while 迴圈與 while 迴圈一樣都必須注意要指定變數起始值並在迴圈內指定變數的增減值。

3-2-6 break 和 continue 敘述

break 跟 continue 敘述可以用來控制迴圈流程。break 敘述的作用是強迫中止迴圈的執行，跳出最靠近的迴圈，直接執行迴圈外的第一行指令。

例如：

```
if(i>5)  break;
```

continue 敘述的作用是馬上回到迴圈的一開始,再繼續執行迴圈。

```
if(i<7)  continue;
```

流程如下所示：

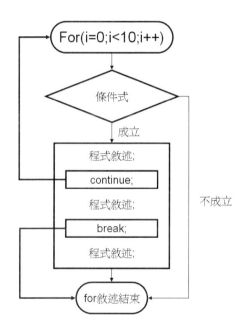

break 敘述及 continue 敘述的使用方法請參考底下範例。

範例：**continue&break.htm**

```
<script>
//continue and break 敘述
for (let a = 0 ; a <= 10 ; a++) {
    if (a === 3){
            console.log(a);
            continue;
```

```
        }
    if (a === 8) {
            console.log(a);
            break;
        }
    console.log("for loop a="+a);
}
</script>
```

執行結果：

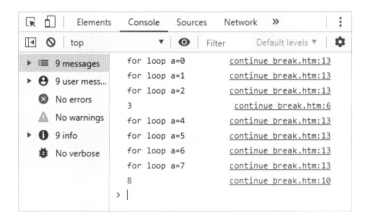

當 a 等於 3 時，就會執行到 continue; 敘述，忽略底下的程式，回到 for 迴圈開始處，所以就不會輸出 for loop a=3。當 a 等於 8 時，會執行到 break; 敘述，於是跳出迴圈。

 **TIPS**

forEach 迴圈不能使用 break 指令中斷循環。

3-3　錯誤與例外處理

程式有錯誤 (Error) 時，console 面板就會出現紅色的錯誤訊息，別擔心！程式出錯是難免，否則哪裡還需要程式測試人員呢！為了避免錯誤導致程式無法繼續執行，通常我們會在程式裡加上例外處理程式 (exception handling code)，本節就來看看如何做好例外處理。

3-3-1　錯誤類型

當 JavaScript 程式執行發生錯誤時，會丟出例外狀況 (throw an exception)，JS會去尋找程式裡有沒有例外處理程式 (exception handling)，如果沒有例外處理的程式碼，JavaScript 引擎就會停止並拋出錯誤 (Error)。

常見的錯誤有下列四種：

1. SyntaxError：語法錯誤

    語法錯誤最常見的狀況是語法輸入錯誤或者中括號 () 或大括號 {} 不完整造成的狀況，例如：

```
<script>
let n=35;
if (n >= 50){
      console.log(n + " 大於等於 50");
else{
      console.log(n + " 小於 50");
}
</script>
```

上述程式 else 之前少了右括號，執行就會出現如下的錯誤訊息：

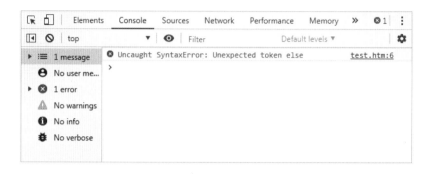

2. Uncaught ReferenceError：引用錯誤

引用一個未定義的變數或者賦值錯誤，例如：

```
<script>
if (n >= 50){        //n 未定義
        console.leg(n + " 大於等於 50");
}
</script>
```

n 未定義，執行就會出現如下錯誤：

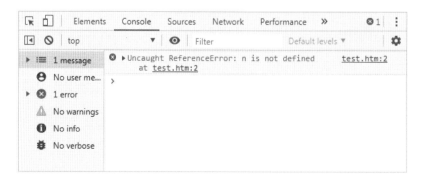

如果錯誤的賦值就會出現，例如下式將 50 指定給無法賦值的物件：

```
console.log() = 50;
```

會出現如下錯誤：

⊗ ▶ Uncaught ReferenceError: Invalid left-hand side in assignment

3. RangeError：範圍錯誤

當值在不允許的範圍，例如：

```
let num = 1.12345678;
console.log(num.toFixed(-1));
```

toFixed() 方法是將數字四捨五入為指定小數位數的數字，括號內的參數是小數的位數，值必須在 0~100 之間，值太小或太大都會拋出 RangeError。

4. TypeError：類型錯誤

型別和預期的不同或者呼叫不存在的函數都會拋出 TypeError。例如：

```
let num = 1.12345678;
console.log(num.tofixed(-1));  //
```

JavaScript 的語法是區分大小寫的，toFixed() 方法的 F 必須要大寫，寫成 tofixed() 則會拋出函數不存在的 Error。

⊗ ▶ Uncaught TypeError: num.tofixed is not a function

程式設計的過程中發生了錯誤，導致程式無法正常執行，我們可以從 JS 引擎拋出的錯誤訊息來判斷問題所在，但是當使用者執行這段程式時只知道程式停止了，根本不知道發生什麼事情。因此我們可以加上例外處理的機制，讓程式出錯時，可以依照我們所寫的錯誤處理程序來做處理，並給使用者看得懂的錯誤訊息。

3-3-2 例外處理（exception handling）

JavaScript 的 try…catch…finally 例外處理機制可以幫助我們捕捉程式執行時的錯誤，try 區塊是要監控的程式碼；catch 區塊是例外發生時的處理程序。

```
try{
    需要監控的程式碼
}
```

```
catch(exception){
    處理例外的程式碼
}
```

```
finally{
    結束執行的程式碼
}
```

不管是否有例外發生，finally 區塊裡的程式都會執行，通常會寫釋放資源的程式碼，像是關閉檔案或關閉串流物件等。

try 敘述必須至少搭配一個 catch 敘述或 finally 敘述，因此 try 敘述會有底下三種形式：

1. try⋯catch

2. try...finally

3. try...catch...finally

我們可以利用 catch 敘述括號裡 exception 物件的 name 和 message 屬性來獲取錯誤的名稱及資訊，一起來看底下的範例。

範例：try⋯catch.htm

```html
<script>
try {
    let n = 65;

    if (n >= 50)
    {
        console.log(a + " 大於等於 50");   // 故意將變數 n 改成 a
    }else{
        console.log(n + " 小於 50");
```

```
        }
}catch(e) {
        console.log(e.name + ">" + e.message);
        alert("程式出錯囉!")
}
</script>
```

執行結果：

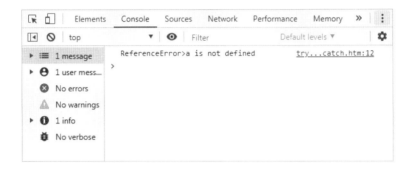

e.name 返回錯誤類型；e.message 返回錯誤訊息 (不同的瀏覽器 message 可能會有所不同)。alert() 方法是跳出警示視窗，程式執行之後會先在 console 顯示錯誤訊息，並跳出警示視窗。

 **TIPS**

> 如果想要讓 catch 區塊在 console 顯示的訊息用錯誤表示，可以改用 console.error()。

在 try…catch 區塊有時會在最後加上 finally 區塊，不管是否有例外出現，finally 區塊內的程式碼都會執行，因此在 finally 區塊通常會寫釋放資源的程式碼，像是關閉檔案或關閉串流物件等程式碼。

如果想要針對不同錯誤類型進行處理，可以利用 instanceof 運算子來判斷，instanceof 是當檢測的物件符合指定的類型時回傳 true，語法如下：

```
物件 instanceof 物件類型
```

請看底下範例。

範例：catch.htm

```
<script>
try {
    let n = 65;
    if (n >= 50)
    {
        console.log(a + " 大於等於 50");   // 故意將變數 n 改成 a
    }
}catch(e) {
  if (e instanceof TypeError) {
    console.error(" 這是 TypeError")
  } else if (e instanceof RangeError) {
    console.error(" 這是 RangeError")
  } else if (e instanceof ReferenceError) {
    console.error(" 這是 ReferenceError")
  } else {
    console.error("error")
  }
}
</script>
```

執行結果：

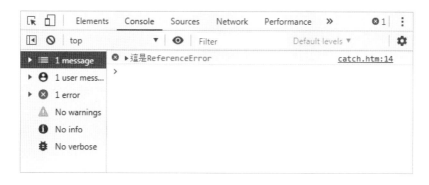

第4堂課
JavaScript 內建標準物件

JavaScript 基本上是物件基礎 (object-based) 的描述語言。物件的外觀特徵可以利用「屬性」(Property) 來描述，使用「方法」(method) 能夠讓物件執行特定的動作或行為。

JavaScript 物件可分為三類：

1. 內建的物件 (例如日期、數學等物件)

2. 使用者自訂的物件

3. windows 物件

使用者自訂物件及 windows 物件之後章節會有完整的介紹，這一章我們先來熟悉 JavaScript 常用的內建物件。

4-1 日期與時間物件 (Date)

日期與時間物件是很實用的物件，不管是判斷使用者輸入的日期格式是否正確或是要取得當下的日期時間等等。

想要操作物件，我們必須先了解什麼是物件的「屬性」與「方法」，底下就先來了解如何使用物件。

4-1-1 物件的屬性與方法

JavaScript 除了原始資料型別例如數字、字串、布林等等以外，所有的資料類型都是物件。

JavaScript 大部分的內建物件都是建構子函式 (function constructor)，使用之前都必須用它的建構子函式建立一個新的物件實體，以日期函式為例：

```
var d = new Date();    // 建立一個具有當下日期時間的日期實體
```

new Date() 是使用當下的日期和時間建立一個日期物件實體，這時變數 d 就代表這一個日期時間的實體。

如果內建物件不是建構子函式，提供靜態的屬性與方法，就可以直接使用它而不需要透過 new 關鍵字來建立物件實體，例如數學物件 (Math)：

```
var a = Math.abs(3.14)   // 取絕對值
```

Math 不是建構子函式，我們可以直接使用它的靜態屬性及方法。如果我們檢查一下 Date 與 Math 的型態，就清楚兩者的差別。

```
console.log(typeof Date)    //Date 是 function
console.log(typeof Math)    //Math 是 object
```

執行結果：

```
function
object
> |
```

物件由「屬性 (Property)」與「方法 (Method)」組成，這兩者稱為物件成員 (member)。

◆ 屬性 (Property)：物件本身可描述的特徵，例如房車這個物件的屬性包括品牌、車體顏色、四門或兩門、速度、排氣量等等。在程式設計或執 階段，我們可以藉由改變屬性值 改變物件的特徵。

◆ 方法 (Method)：物件所提供可操控的行為或動作，例如房車這個物件所提供的方法有啟動、踩油門、踩剎車、打方向燈等等的行為。

每一個物件都有各自的屬性與方法，所以在使用該物件之前必須先了解該物件有提供哪些屬性與方法。至於使用方法都是相同的，屬性的使用方式是使用點號 (.) 來連結物件名稱與屬性名稱，格式如下：

```
物件 . 屬性名稱
```

例如：

```
var a = "hello!"
console.log( a.length )   // 取得物件長度屬性
```

方法 (Method) 的操作方式也是使用點號 (.) 來連結物件名稱與方法名稱，方法其實就是物件提供的函式，因此呼叫時必須在方法之後加上括號 ()，括號內也可以放入參數，格式如下：

```
物件 . 方法名稱 ()
```

例如：

```
Math.abs(10.25);    // 取絕對值
```

Math 是數學物件，abs() 是 Math 物件提供的方法，括號 () 內放置參數，它的功能是返回絕對值。

既然每個物件都有自己的屬性與方法，那麼我們要如何知道這個物件有哪些屬性與方法可以用呢？

很簡單，利用 console.log() 來查詢就會秀出物件完整的屬性及方法，建構子函式物件必須以它的原型 (prototype) 來查詢，例如 Date 物件可以利用下列方式來查詢它們的屬性與方法。

```
console.log( Date.prototype )
```

執行之後就會顯示 Date 建構函式提供的方法。

```
▼ {constructor: f, toString: f, toDateString: f, toTimeString: f, toISOString: f, …}
  ▶ constructor: f Date()
  ▶ getDate: f getDate()
  ▶ getDay: f getDay()
  ▶ getFullYear: f getFullYear()
  ▶ getHours: f getHours()
  ▶ getMilliseconds: f getMilliseconds()
  ▶ getMinutes: f getMinutes()
  ▶ getMonth: f getMonth()
  ▶ getSeconds: f getSeconds()
  ▶ getTime: f getTime()
  ▶ getTimezoneOffset: f getTimezoneOffset()
  ▶ getUTCDate: f getUTCDate()
  ▶ getUTCDay: f getUTCDay()
```

Math 物件可以直接使用下式來查詢它的屬性與方法。

```
console.log( Math )
```

執行結果：

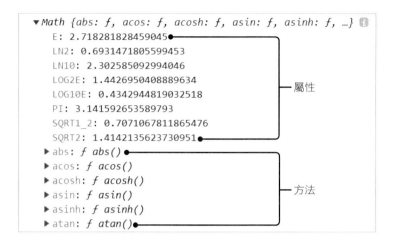

JavaScript 的內建物件共可分為四大類：

1.　　日期 (Date)
2.　　數學 (Math)
3.　　字串 (String)
4.　　陣列 (Array)

首先我們來認識實用的日期物件。

4-1-2　日期 (Data) 物件

日期物件是用來處理日期和時間，像是取得目前的系統日期，以及進行日期換算等等。

JavaScript 內建的日期物件要先用 new Date() 方法來建立物件實體，就可以使用它的方法。建立日期物件的語法：

```
var dateObject = new Date(DateTime)
```

dateObject 是日期物件的名稱，() 內的 DateTime 為設定的年月日時刻。如果省略參數表示現在的日期時間，例如：

```
var theDate=new Date();
```

上式表示取得現在的日期時間的日期物件 theDate。

您也可以輸入日期轉換成日期物件，例如：

```
var theDate=new Date("May 1, 2019");
var theDate=new Date("2019-5-1");
var theDate=new Date("2019/5/1");
var theDate=new Date("2019-5");
```

上面幾種敘述表示建立以 2019 年 5 月 1 日為基準的日期物件，都會返回「Wed May 01 2019 00:00:00 GMT+0800 (台北標準時間)」。

如果帶入的日期少了月或日，預設返回該年或該月的第一天，例如：

```
var theDate=new Date("2019-5");    // 日期為 2019-5-1
var theDate=new Date("2019");      // 日期為 2019-1-1
```

建立一個 Date 物件後，就可以利用方法 (method) 取得相關的日期與時間資訊。下表為日期物件常用的方法 (method)：

方法	說明
setFullYear() / getFullYear()	設定 / 取得西元年
setMonth() / getMonth()	設定 / 取得月份 (0~11)
	(0= 一月、1= 二月、3= 三月、…以此類推)
setDate() / getDate()	設定 / 取得月份中的日期
setDay() / getDay()	設定 / 取得星期數 (0~6)
	(0= 星期日、1= 星期一、2= 星期二、…以此類推)
setHours() / getHours()	設定 / 取得時數 (0~23)
setMinutes() / getMinutes()	設定 / 取得分鐘 (0~59)
setSeconds() / getSeconds()	設定 / 取得秒數 (0~59)
setTime() / getTime()	設定 / 取得時間 (單位：千分之一秒)

例如要建立一個日期物件，並取得年份及月份，則可以如下表示：

```
setFullYeavar thdDate = new Date()          // 產生日期物件 now
var this year = theDate.getFullYear()         // 取得年份
var thisHours = theDate.getMonth()+1        // 取得月份
```

TIPS

setMonth() 與 getMonth() 的數值是從 0 開始，0 代表一月，11 代表十二月，所以使用這兩個方法時都必須再加 1，才是正確的月份值喔！

底下的範例是利用日期物件顯示現在的日期時間。

範例：getNow.htm

```
<script>
// 取得現在的日期時間

var theDate = new Date("2019/5/1 10:50:20");
var nowDT = theDate.getFullYear() + "/" +
                   (theDate.getMonth() + 1) + "/" +
                   theDate.getDate() + " " +
                   theDate.getHours() + ":" +
                   theDate.getMinutes() + ":" +
                   theDate.getSeconds();
console.log("現在日期時間：" + nowDT);

</script>
```

執行結果：

```
現在日期時間：2019/5/1 10:50:20
>
```

4-2　字串物件與數值物件

String 與 Nnumber 都是原生型別，本身並不是物件，如果想要使用 String 物件或 Number 物件的屬性與方法，照理都必須轉換為物件才能使用。不過這兩個物件使用太普遍了，JS 引擎會自動強制轉型，方便我們使用，底下就來看看這兩個內建物件的用法。

4-2-1　字串物件 (String)

字串 (String) 是原生型別，並不是物件，想要當作物件來使用時同樣是使用 new 關鍵字來建立字串物件，例如：

```
var s = "good Job!";   // 字串原始型別
var s_obj = new String(s);  // 字串物件
console.log(typeof s)
console.log(typeof s_obj)
```

利用 typeof 來檢查型別時，很清楚看出變數 s 是 String；s_obj 則是 String 物件。

```
string
object
>
```

由於字串物件實在是太常用，每次都得加上 new 關鍵字來建立物件太費事了，JavaScript 允許我們省略 new 敘述直接使用屬性與方法，JavaScript 引擎會自動將 String 型別強制轉換為 String 物件來處理。

我們來看看 String 物件有哪些好用的屬性與方法。

▌屬性

字串物件可搭配的屬性有 length，作用是取得字串的長度，如下所示：

```
var name="good Job!";
len = name.length;    //len 值為 9
```

▌ 方法 (method)

利用字串物件的 toString() 方法可將數值或物件轉換為字串型別，如下表所示：

方法	說明	格式
toString()	將數值或物件轉換為字串型別	number[object].toString()

字串物件提供的方法很多，以下將依照用途分類，介紹常用的方法。

◆ 傳回指定位置的字元：

方法	說明	格式
charAt()	傳回指定位置 (index) 的字元，index 從 0 開始	String.charAt(index)
charCodeAt()	傳回指定位置 (index) 的 Unicode 編碼，數值為 0 到 65535 之間的整數。index 從 0 開始	String.charCodeAt(index)

範例：**charAt.htm**

```
<Script>
var str= 'Keep on going never give up.';
console.log( str.charAt(3) );    // 輸出 P
console.log( str.charCodeAt(3) );    // 輸出 112
</script>
```

執行結果：

```
p
112
>
```

◆ 搜尋字串：

方法	說明	格式
includes() (ES6 新增)	搜尋字串，回傳布林值 true 或 False(區分大小寫)	String.includes(searchString)
indexOf()	搜尋字串，回傳搜尋字串第一次相符的位置索引值，-1 表示找不到 (區分大小寫)	String.indexOf(searchString)

方法	說明	格式
lastIndexOf()	搜尋字串，回傳搜尋字串最後相符的位置索引值，-1 表示找不到 (區分大小寫)	String. lastIndexOf(searchString)
match()	以正則表示式 (regexp) 搜尋字串 (如果輸入非 regexp 會自動轉換)，回傳陣列 (Array)，包含 groups、index、input，找不到會傳回 null	String.match(regexp)
matchAll()	以正則表示式 (regexp) 搜尋字串，返回所有符合的結果，返回值是正則表示式字串疊代器 (RegExpStringIterator)	String.matchAll(regexp)

includes() 是 ES6 新加入的方法，與 indexOf() 一樣都可以用來檢查搜尋的資料是否存在字串裡，includes() 只會傳回布林值，也就是 true 或 False；indexOf 則會傳回符合的起始位置，第一個字元位置是從 0 開始，如果找不到會傳回 -1。

範例：String_comparison.htm

```
<Script>
var str= 'Do what you say,say what you do.';
var target_str="what";
console.log(str);
if( str.includes(target_str) ){
    console.log("str 字串包含 " + target_str)
}else{
    console.log("str 字串不包含 " + target_str)
}
if( str.indexOf(target_str >= 0) ){
    console.log(target_str+" 出現在 str 字串的索引位置："+ str.
indexOf(target_str))
}else{
    console.log("str 字串找不到 "+target_str)
}
</script>
```

執行結果：

```
Do what you say,say what you do.
str字串包含 what
what出現在str字串的索引位置：3
>
```

如果只是單純想知道字串裡是否存在某個字，用 includes() 會比較簡單；如果想要知道這個字的位置，使用 indexOf() 才能夠得到想要的結果。

indexOf() 與 lastIndexOf() 適合簡單的字串搜尋，想要進行更繁複的搜尋，可以使用 match() 或 search() 方法。

◆ 合併字串：

方法	說明	格式
concat()	合併字串	String.concat(string2[,string3…])

String 物件的 concat() 方法可以合併兩個或多個字串，請看底下範例：

範例：concat.htm

```
<Script>
// 字串合併
var str= 'Hello!';
var str2="Jennifer,";
var str3="You're so beautiful";
console.log(str.concat(str2," ",str3));
console.log(str+str2+" "+str3)
</script>
```

執行結果：

```
Hello!Jennifer, You're so beautiful
Hello!Jennifer, You're so beautiful
>
```

String 的 concat() 方法可以用來合併字串，不過很少會使用它來合併字串，大多數習慣還是使用指定運算子 (+、+=) 來合併字串。

陣列 (Array) 物件也有 concat() 方法，它會將新的陣列元素與原本的陣列合併，例如：

```
// 陣列合併
var arr=["a","b","c"];
var arr2=[1,2,3];
console.log( arr.concat(arr2) );
```

執行結果：

```
▶ (6) ["a", "b", "c", 1, 2, 3]
>
```

String 的 concat() 方法是繼承自 String.prototype；Array 的 concat() 方法是繼承自 Array.prototype，兩者並不相同 (繼承是物件的特性之一，請詳物件章節說明)。

◆ 補齊字串：

padStart() 與 padEnd() 是 ES6 定義的新方法，用來將字串改成一樣的長度，括號內有兩個參數，第一個參數是指定字串長度 (必要參數)，第二個參數要指定要填充的字串 (可以省略)。Internet Explorer 並不支援這兩個方法。

方法	說明	格式
padStart() (IE 不支援)	在字串前方加上指定字串來補齊字串，讓字串符合指定的長度 (targetLength)	String.padEnd(targetLength [, padString])
padEnd() (IE 不支援)	在字串後方加上指定字元或字串來補齊字串，讓字串符合指定的長度 (targetLength)	String.padEnd(targetLength [, padString])

範例：

```
<Script>
// 字串合併
var str= 'Do what you say,say what you do.';
var str2= 'Keep on going never give up.';
console.log(str);
console.log("str.length="+str.length);  //str 字串長度 32
console.log(str2.padStart(32, "*"));  // 字串前面補 * 號
console.log(str2.padEnd(32, "*"));    // 字串後面補 * 號
</script>
```

執行結果：

```
Do what you say,say what you do.
str.length=32
****Keep on going never give up.
Keep on going never give up.****
>
```

範例中 str 字串的長度是 32，使用 padStart() 方法與 padEnd() 方法讓 str2 的字串長度與 str 相同，並補上 * 號。

如果不需要加任何字元也可以省略不加第二個參數，例如下式會直接在字串前方加上空白：

```
str2.padStart(32)
```

◆ 取代文字

方法	說明	格式
replace()	取代字串，括號內第一個參數是搜尋的目標，第二個參數是要取代的文字。	String.replace(regexp | string, replacement)

replace() 方法是用來執行文字的取代，括號裡的第一個參數是要搜尋的目標，可以是字串或是正規表示式 (RegExp)，如果使用字串的話只會取代第一個相符的文字，如果要全部取代，必須使用正規表示式 (RegExp)。

範例：replace.htm

```
<script>
// 取代文字
var str= "Do what you say,say what you do.";
console.log(str.replace("you","he"));   // 只能取代第一個相符的字
console.log(str.replace(/you/g,"he"));   // 全部取代
</script>
```

執行結果：

```
Do what he say,say what you do.
Do what he say,say what he do.
>
```

範例中使用 he 來取代 you，如果使用 Regexp 可以進行全文取代「正規表示法」或稱為「正規式」(Regular expressions) 是 UNIX 系統發展出來的字串比對規則，JavaScript 的正規表示式是內建的物件，建構函式是 RegExp，所以用 RegExp 來稱呼正規表示式，之後章節會有完整介紹，replace() 方法最常使用的 RegExp 是以兩個斜線包住要比對的值，再指定比對模式，例如 /you/g，其中 g 就是比對的模式。比對模式可以有下列三種：

◆ g：全文比對 (Global match)

◆ i：忽略大小寫 (Ignore case)

◆ gi：全文比對並忽略大小寫

範例中的「str.replace(/you/g,"he")」表示以 you 字串取代全部的 he 字串。

◆ 切割字串

方法	說明	格式
slice()	分割字串，傳回指定起始與結束的索引位置的字串 (不包含結束索引本身)，結束索引必須大於起始的索引值，如果省略結尾索引值則傳回起始索引之後的所有字串	String.slice(beginIndex[, endIndex])

方法	說明	格式
substring()	分割字串，傳回指定起始與結束的索引位置的字串 (不包含結束索引本身)，如果省略結尾索引值則傳回起始索引之後的所有字串。substring() 允許結束索引大於起始索引，substring 方法會自動將兩者對調	String.substring(beginIndex[, endIndex])
split()	分割字串，返回值為陣列	split(separator, howmany)

範例：slice&substring.htm

```
<script>
//slice 切割字串
var str= 'Do what you say,say what you do.';
console.log( str.slice(16) )   // 取 16 之後的全部字元
console.log( str.slice(16,24) )   // 取 16~24 之間的字元

//substring 切割字串
console.log( str.substring(24,16) )   // 取 16~24 之間的字元
</script>
```

執行結果：

```
say what you do.
say what
say what
>
```

split() 方法可以將字串依照指定的字元或 RegExp 來分割，返回的值是陣列物件，也可以指定只傳回幾個陣列元素。

範例：split.htm

```
<script>
//split() 分割字串
var str="Do what you say,say what you do."
```

```
console.log( str.split(" ") )      // 以空白為分割符
console.log( str.split("",10) )    // 分割每個字元，只取 10 個元素
console.log( str.split(" ",5) )    // 以空白為分割符，只取 5 個元素
</script>
```

執行結果：

```
▶ (7) ["Do", "what", "you", "say,say", "what", "you", "do."]
▶ (10) ["D", "o", " ", "w", "h", "a", "t", " ", "y", "o"]
▶ (5) ["Do", "what", "you", "say,say", "what"]
>
```

陣列是非常重要而且實用的功能，之後的章節會專門介紹它，這裡先簡單瞭解陣列的操作。

陣列裡的值稱為陣列中的「元素」，每個元素包含索引 (index) 與值 (value)，索引從 0 開始，如果要取出陣列的某個元素只要指定索引值就可以，例如下面敘述 arr 是 split() 分割傳回的陣列，我們只要使用 arr[索引值]，就可以取得陣列的元素，索引從 0 開始，所以 arr[1] 表示第 2 個元素。

```
var str="Do what you say,say what you do."
var arr = str.split(" ")      // 分割結果指定給變數 arr
console.log( arr[1] )      // 取出陣列第 2 個元素：what
```

◆ 轉換字串大小寫

方法	說明	格式
toLowerCase()	轉換為小寫	String.toLowerCase()
toUpperCase()	轉換為大寫	String.toUpperCase()

範例：toUpperCase.htm

```
<script>
// 轉換大寫
var str= 'Do what you say,say what you do.';
```

```
console.log( str.toUpperCase() )
</script>
```

執行結果：

```
DO WHAT YOU SAY,SAY WHAT YOU DO.
>
```

◆ 去除字串左右的空白

方法	說明	格式
trim()	去掉字串左右兩邊的空白	String.trim()
trimStart() trimLeft() (IE 不支援)	去掉字串左邊的空白	String.trimLeft()
trimEnd() trimRight() (IE 不支援)	去掉字串右邊的空白	String.trimRight()

字串裡的空白經常會造成程式執行結果不正確，尤其是函式接收的參數，如果是字串，通常會經過 trim() 方法去除字串左右兩邊的空白符。

trimStart() 與 trimEnd() 是將列入 ES10 規範的新語法，雖然 ES10 規範尚未正式公布，大部分的瀏覽器已經支援這個新語法，但是 Inter Explorer(IE) 不支援。

許多程式語言清除字串左右空白的語法都是 trimLeft() 與 trimRight()，ECMAScript 也保留這兩個別名，所以不管您是使用 trimStart() 或 trimLeft() 執行結果都是相同的。

範例：trim.htm

```
<script>
// 去除字串左右的空白符
var str= "  Hello  ";
console.log(">" + str.trim() + "<")          // 去除左右兩邊的空白
```

```
console.log(">" + str.trimStart() + "<")      // 去除左邊的空白
console.log(">" + str.trimEnd() + "<")        // 去除右邊的空白
</script>
```

執行結果：

```
>Hello<
>Hello   <
>   Hello<
>
```

為了讓讀者能清楚看出執行結果裡的空白符，故意在語法前後加上「>」與「<」符號顯示字串起始與終止的位置，這也是程式偵錯常用的方式。

4-2-2 模板字串 (template strings)

模板字串是 ES6 加入的規範，經常應用在字串連接變數或是多行字串，使用的方式是以反引號「`」(位於鍵盤左上角，與波浪符號「~」同一個按鍵) 括住字串，如果字串裡要結合變數或運算式，可以使用「${…}」。

我們先來看多行字串的用法，以往要呈現多行字串會使用「\n」換行，例如：

```
let html_str ="<html>\n"+
" <head>\n"+
"  <title> 網頁標題 </title>\n"+
" </head>\n"+
" <body>\n 這是 HTML 語法 \n</body>\n"+
"</html>"
```

有了模板字串之後就不需要這麼麻煩，請看底下範例。

範例：templateStrings.htm

```
let html_str =`<html>
 <head>
  <title> 網頁標題 </title>
```

```
  </head>
  <body>
   這是 HTML 語法
  </body>
</html>`
console.log(html_str)
```

輸出結果：

```
<html>
 <head>
  <title> 網頁標題 </title>
 </head>
 <body>
   這是HTML語法
 </body>
</html>
>
```

模板字串會保留反引號裡的格式，不僅使用簡單，程式碼也簡潔易讀。

字串經常會嵌入變數或運算式，利用模板字串會更方便，請看範例操作。

範例：

```
<script>
// 字串嵌入變數
let name = "Jennifer";
let str = `Hi, my name is ${name}, Nice to meet you.`;
console.log(str)

// 字串嵌入變數及運算式
let x=10,y=5;
let str1 = `${x} + ${y} = ${x + y}`;
console.log(str1)

// 傳統字串相加的寫法
let str2 = x + " + " + y + " = " + (x+y);
console.log(str2)
</script>
```

執行結果：

```
Hi, my name is Jennifer, Nice to meet you.
10 + 5 = 15
10 + 5 = 15
>
```

範例中加入了傳統寫法，您可以與模板字串寫法比較，模板字串是不是更易讀了呢！

如果模版字串裡的文字包含反引號，我們必須在反引號之前加上跳脫字元「\」來區別，例如：

```
let name = "Jennifer";
let str = `Hi, my name is \`${name}\`, Nice to meet you.`;
console.log(str)
```

執行結果：

```
Hi, my name is `Jennifer`, Nice to meet you.
>
```

模板字串另一種進階的用法是「標籤模板字串」(tagged template strings)，是利用標籤函式操作模板字串的變數，在函式裡可以先經程式處理之後再賦值，而不是直接賦值。

標籤模板字串的撰寫方式是先建立一個函式，將這個函式名稱放在模板字串前面，函式第一個參數是原始字串的陣列，第二個之後的參數則是模板字串裡的變數，格式如下：

```
function tag (string, ···arguments ) {
    // 程式敘述
}
tag`string ${arguments} string`;
```

函式裡也可以加入 return 敘述回傳值。

為了讓您瞭解標籤模板字串的架構，我們先來看一個簡單的範例。

範例：taggedTemplate.htm

```
<script>
//tagged template string
let name = "Jennifer";
let age = "18";

// 定義 intro 函式
function intro(strings, a ,b){
  console.log(strings);
  console.log(a);
  console.log(b);
  console.log(strings.raw[0]);
}

// 模板字串前面加上 intro
const sentence = intro`My name is ${name},\n I am ${age} years
old`;
</script>
```

執行結果：

```
▶ (3) ["My name is ", ",↵ I am ", " years old", raw: Array(3)]
Jennifer
18
> |
```

範例裡的 intro() 函式只將參數輸出，第一個參數是模板字串原始字元的陣列，第二個跟第三個參數則是對應到模板字串的變數。

第一個參數帶有一個特殊的屬性「raw」，可以利用它來取得原始輸入的字串值，像是範例的字串原始是帶有「\n」換行符號，我們就可以利用下式來取得原始字串：

```
console.log( strings.raw[1] );  // 輸出「,\n I am 」
```

如果函式想要可以接受任意數量的參數，也可以利用 ES6 新規範的 rest 參數來建立可變參數的函式，我們將前一個範例修改為可變參數的函式。

範例：taggedTemplateByRest.htm

```
<script>
//tagged template string
// 使用 rest 參數
let name = "Jennifer";
let age = "18";

// 定義 intro 函式
function intro(strings, ...args){
  console.log(strings);
  console.log(args);
}

// 模板字串前面加上 intro
const sentence = intro`My name is ${name}, I am ${age} years old`;
</script>
```

執行結果：

```
▶ (3) ["My name is ", ", I am ", " years old", raw: Array(3)]
▶ (2) ["Jennifer", "18"]
>
```

範例中的第二個參數是使用 rest 參數，這個特殊的「...args」語法裡面的「…」表示它是一個 rest 參數，args 則是我們給這一個 rest 參數的陣列名稱。

您可以看到它將實際的參數放入 args 陣列，這些實際的參數只要使用操作陣列的語法就能使用了。

我們可以在標籤模板字串的函式任意使用字串與參數，組合成我們想要的結果之後使用 return 敘述回傳。請看底下範例。

範例：

```
<script>
// 定義 getDay 函式
function getDay(strings, ...values){
    let result = '';
    let week = ["日","一","二","三","四","五","六"];

    strings.forEach(function(key, i) {
        if(values[i]){
            let setTime = new Date(values[i]);    // 轉換為日
期物件
            result += values[i] + "是星期" + week[setTime.
getDay()] + "\n";
        };
    });

    return result;
}

const a="2019-8-1";
const b="2019-9-1";
const c="2019-10-1";

// 標籤模板字串
const sentence = getDay`${a},${b},${c},`;
console.log(sentence)
</script>
```

執行結果：

```
2019-8-1是星期四
2019-9-1是星期日
2019-10-1是星期二

>
```

4-2-3 數值物件 (Number)

Number 物件就是帶有數值的物件，如整數 (integer) 或帶有小數點的浮點數 (float)。

數值 (Number) 與 String 一樣都是原生型別，要當作物件使用就要利用建構子函式來建立 number 物件，例如：

```
var numObj= new Number("12345");   //numObj 是 numer 物件
```

如果傳入的資料沒有辦法轉換成 number 物件，就會傳回 NaN。

Number() 也是轉換數值型別的函式，例如：

```
var num= Number("12345");   //num 是 number 型別的數值
```

透過底下範例就能更清楚兩者的差異。

範例；number.htm

```
<script>
var numObj = new Number('12345');
var num = Number('12345');
console.log(typeof numObj)      //object
console.log(typeof num)         //number

console.log(numObj===12345)     //false
console.log(num===12345)     //true
</script>
```

執行結果：

```
object
number
false
true
>
```

Number() 建構子函式提供靜態屬性與方法，不需要實體化就使用，請參考下表：

屬性	說明
Number.EPSILON (IE 不支援)	JavaScript 可表示的最小精度
Number.MAX_SAFE_INTEGER (IE 不支援)	JavaScript 可表示的最大整數
Number.MAX_VALUE	JavaScript 可表示的最大數
Number.MIN_SAFE_INTEGER (IE 不支援)	JavaScript 可表示的最小整數
Number.MIN_VALUE	JavaScript 最接近 0 的數
Number.NaN	非數值
Number.NEGATIVE_INFINITY	表示負無窮大值
Number.POSITIVE_INFINITY	表示正無窮大值

上列的屬性是建構子函式 Number() 的靜態屬性，不需要新建 Number 物件。以使用 Number.MAX_VALUE 屬性為例，正確用法如下：

```
var max_val = Number.MAX_VALUE
```

以下是錯誤的用法：

```
var n= new Number(10);
var max_val = n.MAX_VALUE;    // 這是錯誤用法
```

我們來看看這些屬性使用的時機。

◆ Number.EPSILON (IE 不支援)

Number.EPSILON 是 ES6 新加入的屬性，它是 1 與大於 1 的最小浮點數的差值，值約為 2^{-52}。

第二章介紹 number 型別時曾提過 JavaScript 浮點數不能精確的表示小數，如果只是想要判斷兩個浮點數是否相等，就可以利用 Number.EPSILON 屬性值作為誤差容許值，請看底下範例：

範例：EPSILON.htm

```
<script>
//Number.EPSILON 檢測兩個浮點數是否相等

console.log("Number.EPSILON = " + Number.EPSILON)
function checkNumber (left, right) {
  return left + "===" + right + " >> " + (left == right);
}
function checkNumberWithEPSILON (left, right) {
  return left + "===" + right + " >> " + (Math.abs(left - right) <
Number.EPSILON);
}

var n1 = 0.1 + 0.2;
var n2 = 0.3;

console.log( checkNumber(n1, n2) ) // false
console.log( checkNumberWithEPSILON(n1, n2) ) // true
</script>
```

執行結果：

```
Number.EPSILON = 2.220446049250313e-16
0.30000000000000004===0.3 >> false
0.30000000000000004===0.3 >> true
>
```

範例是以 Number.EPSILON 作為可接受的誤差範圍，如果兩數的差值小於 Number.EPSILON，那麼就可以直接忽略誤差了。

◆ Number.MAX_SAFE_INTEGER、Number.MIN_SAFE_INTEGER

Number.MIN_SAFE_INTEGER 與 Number.MAX_SAFE_INTEGER 定義的是整數的安全範圍，範圍從 $-(2^{53} - 1) \sim (2^{53} - 1)$，也就是說，當數值小於 $2\wedge53$ 時，可以確保數值的精度，超出這個範圍的計算就有可能會丟失精度。

◆ Number.MAX_VALUE、Number.MIN_VALUE

Number.MAX_VALUE 是 JavaScript 雙精度浮點數能表示的最大數值，值為 1.7976931348623157e+308，大於 MAX_VALUE 的值表示為無窮大 (Infinity)，數值越大，精確度越差。

Number.MIN_VALUE 是最接近 0 的非 0 數值，值為 5e-324。

範例：

```
<script>
let x = 1.7976931348623157e+308;    //Number.MAX_VALUE
let y = 2;
if (x * y > Number.MAX_VALUE) {
     console.log(" 超過 MAX_VALUE");
}
console.log(x * y);
</script>
```

執行結果：

```
超過MAX_VALUE
Infinity
>
```

建構子函式 Number() 可使用的方法如下表：

方法	說明
Number.isNaN(x)	數值 x 是否為 NaN
Number.isFinite(x)	數值 x 是否為有限值
Number.isInteger(x)	數值 x 是否為整數

方法	說明
Number.isSafeInteger(x)	數值 x 是否在整數的安全範圍
Number.parseFloat(x)	解析數值 x 返回浮點數，無法解析傳回 NaN
Number.parseInt(x, base)	解析數值 x 返回指定基數的整數

上列方法 isFinite()、isInteger()、isNaN()、parseFloat()、parseInt() 都是 ES6 定義的規範，IE 並不支援。

Number.parseFloat()、Number.parseInt() 與 JavaScript 內 建 的 全 域 函 式 parseFloat()、parseInt() 功能是相同的。

範例：**NumberMethod.htm**

```
<script>
//Number.isNaN
console.info("Number.isNaN ↓ ")
console.log("isNaN('37') = " + Number.isNaN('37'));   //false
console.log("isNaN(0/0) = " + Number.isNaN(0/0));    //true

//Number.parseInt
console.info("Number.parseInt ↓ ")
console.log("3.125 = " + Number.parseInt("3.125") );
console.log("16進位A = " + Number.parseInt('A', 16) );  //16進位轉
整數
console.log("2進位1010 = " + Number.parseInt('1010', 2) );   //2進
位轉整數
</script>
```

執行結果：

```
Number.isNaN↓
isNaN('37') = false
isNaN(0/0) = true
Number.parseInt↓
3.125 = 3
16進位A = 10
2進位1010 = 10
>
```

Number 物件實體也有方法 (Method)，可以將數值物件轉換為我們想要的格式，Number 物件實體都繼承自 Number.prototype，方法如下：

方法	說明
toExponential(d)	將數值轉換為科學記號表示，參數 d 是指定小數位數，可省略
toFixed(d)	傳回指定小數位數的字串，參數 d 是指定小數位數 (0~20)，可省略
toLocaleString(locales[,options])	將數值依照指定的語言格式化，參數 locales 是特定的語言環境
toPrecision(p)	將數值轉換為指數表示法的字串，參數 p 是最小位數 (1~100)，可省略
toString(r)	將數值轉換為字串，參數 r 是進位的基數，可省略
valueOf()	傳回物件的數值

toLocaleString() 是個很特別的方法，我們稍後再來談，其他方法請參考底下範例。

範例：

```
<script>
//Number.prototype Method
console.log( (12345).toExponential(2) );   //1.23e+4
console.log( (10000).toPrecision(3) );   //1.00e+4
console.log( (10).toString(2) );    //1010
console.log( (3.14159).toFixed(2) );   //3.14

var numObj = new Number(10);
console.log( numObj.valueOf() );   //10
console.log(typeof numObj.valueOf() );   //number
</script>
```

執行結果：

```
1.23e+4
1.00e+4
1010
3.14
10
number
>
```

toLocaleString() 方法可以讓我們快速將數值格式化，括號 () 裡有兩個可選參數，一個 locales 是指定的語言環境，如果省略，表示以作業環境設定的語言（例如瀏覽器），另一個參數 options 是其他設定選項。底下是省略參數的用法，作業環境是中文，所以數字帶有千分號：

```
<script>
var num = 12345;
console.log( num.toLocaleString() );    // 12,345
</script>
```

locales 參數必須是 BCP 47 語言標籤 (BCP 47 language tag) 的字串，標記的格式通常是「語言」或「語言 - 地區」，例如中文的語言標記為 zh（泛指所有中文語系）、英語為 en（泛指所有英文語系）、en-GB 英國、ar-EG 埃及、de-DE 德文，其他國家的語言標記可以上網搜尋「BCP 47 語言標籤」查詢。

options 參數可以進一步設定數字的格式，例如數字前加上錢字號 ($)，常用的屬性有：

◆ style：格式化樣式，值有 decimal(純數字)、currency(貨幣格式)、percent(百分比格式)，預設為 decimal。

◆ currency：使用的貨幣樣式，TWD 表示新台幣、USD 表示美元、EUR 表示歐元、JPY 表示日幣、CNY 表示人民幣、KRW 表示韓元。

◆ useGrouping：是否使用分隔符號，例如千位符號，值為布林 (true/false)。

◆ minimumIntegerDigits、minimumFractionDigits、maximumFractionDigits：

minimumIntegerDigits：最小整數位數，允許值為 1~21，預設為 1。minimumFractionDigits 與 maximumFractionDigits：小數點最少與最多顯示位數 (四捨五入)，值為 0~20，位數不夠則補 0。此組屬性如果與下面介紹的屬性混用，此組屬性會被忽略。

◆ minimumSignificantDigits 與 maximumSignificantDigits：最小與最大有效位數 (四捨五入)。

範例：**toLocaleString.htm**

```
<script>
var num = 1234567.89;

//ar-EG 埃及 => ١٬٢٣٤٬٥٦٧٫٨٩
console.log( num.toLocaleString('ar-EG') );
//de-DE 德國 => 1.234.567,89
console.log( num.toLocaleString('de-DE') );
// 中文數字 =>1,234,568
console.log( num.toLocaleString('zh', { style: 'decimal',
maximumFractionDigits:0  }) );
// 中文百分比格式 => 123,456,789%
console.log( num.toLocaleString('zh', { style: 'percent' }) );
// 新台幣符號 => NT$1,234,568
console.log( num.toLocaleString('zh', { style: 'currency',
currency:"TWD", minimumFractionDigits:0, maximumFractionDigits:0 })
);
// 英鎊符號 => £1,234,567.89
console.log( num.toLocaleString('en-GB', { style: 'currency',
currency:"GBP" }) );
// 最大有效位數 => 1,230,000
console.log( num.toLocaleString('zh', { maximumSignificantDigits: 3
}) );
</script>
```

執行結果：

```
۱٬۲۳٤٬۵٦۷٬۳۲٦٬
1.234.567,89
1,234,568
123,456,789%
NT$1,234,568
£1,234,567.89
1,230,000
>
```

4-2-4 數學運算物件 (Math)

Math 是 JavaScript 是內建物件，提供了數學運算常用的常數以及三角函數、對數函數和數學函數的靜態方法。下表列出 Math 的數學常數。

屬性	說明
Math.E	e 數學常數，自然對數函數的底數或稱為歐拉數，約為 2.718
Math.LN2	$\log_e^2$，2 的自然對數，約為 0.693
Math.LN10	$\log_e^{10}$，10 的自然對數，約為 2.303
Math.LOG2E	$\log_2^e$ 以 2 為底數，e 的對數，約為 1.442
Math.LOG10E	Log_{10}^e 以 10 為底數，e 的對數，約為 0.434
Math.PI	圓周率，約為 3.14159
Math.SQRT1_2	1/2 平方根，約為 0.707
Math.SQRT2	2 的平方根，約為 1.414

底下範例使用 Math.PI 計算圓型面積。

範例：circleArea.htm

```
<script>
//Math.PI
```

```
let r=10;
let circleArea = r * r * Math.PI;   // 圓面積計算
console.log(`半徑 ${r} 公分的圓形面積為 ${circleArea}`)
</script>
```

執行結果：

> 半徑10公分的圓面積為314.1592653589793
>
> ›

Math 物件提供許多數學函式，幫助我們完成更多的數值計算，像是指數、開根號、乘冪與對數，以及正弦、反正弦、餘弦、弧度、正切等三角函數功能。下面分類列出這些好用的數學函數與方法，首欄加上星號 (*) 的方法是 ES6 才加入的新功能，使用前要考慮各宿主環境的支援度 (IE 不支援)。

◆ 三角函數、反三角函數與雙曲函數：

ES6	函數	說明
	acos(x)	傳回反餘弦值 (餘弦值的倒數)，x 必須是 -1.0 ~ 1.0 之間的數值
*	acosh(x)	傳回反雙曲線餘弦值
	asin(x)	傳回反正弦值 (正弦值的倒數)，x 必須是 -1.0 ~ 1.0 之間的數值
*	asinh(x)	傳回反雙曲線正弦值
	atan(x)	傳回反正切值 (正切值的倒數)，x 必須是 -PI/2~PI/2 之間的數值
*	atanh(x)	傳回反雙曲線正切值，x 必須是 -1.0 ~ 1.0 之間的數值
	atan2(y, x)	由 x 軸原點逆時針旋轉到 (x,y) 的角度，角度是以弧度表示，請留意參數傳遞方式，y 軸是第 1 個參數，x 軸是第 2 個參數
	cos(x)	傳回餘弦值，x 單位是弧度
*	cosh(x)	傳回雙曲線餘弦

ES6	函數	說明
	sin(x)	傳回正弦值，x 單位是弧度
*	sinh(x)	傳回雙曲線正弦值
	tan(x)	傳回正切值，x 單位是弧度
*	tanh(x)	傳回雙曲線正切值
*	hypot([x, y···,n)	傳回平方和 $(x^2+y^2+\cdots+n^2)$ 再開根號的值，如果只帶入兩個數值，相當於求直角三角形之斜邊長

範例：trigonometric.htm

```
<script>
// 三角函數、反三角函數與雙曲函數

console.log( "30 度的正弦值：" + Math.sin(30*Math.PI/180) )   //1 弧度
=PI/180
console.log( "1 弧度的餘弦值：" + Math.cos(1) )
console.log( "60 度的餘弦值：" + Math.cos(60*Math.PI/180) )   //1 弧度
=PI/180
console.log( "45 度的正切值：" + Math.tan(45*Math.PI/180) )   //1 弧度
=PI/180
console.log( "1 的反正切值，以弧度表示：" + Math.atan(1) )
console.log( "1 的反正切值，以角度表示：" + Math.atan(1)*(180/Math.PI)
)   // 反正切 1 弧度 =180/PI
console.log( "-0.1 的反雙曲線正切值" + Math.atanh(-0.1) )
console.log( " 座標 (1,1) 的反正切值，以弧度表示：" + Math.atan2(1, 1) )
console.log( "座標 (1,1) 的反正切值，以角度表示:" + Math.atan2(1, 1)*(180/
Math.PI) )
console.log( " 邊長 3 和 4 的直角三角形斜邊長：" + Math.hypot(3, 4) )
</script>
```

執行結果：

```
30度的正弦值：0.4999999999999994
1弧度的餘弦值：0.5403023058681398
60度的餘弦值：0.5000000000000001
45度的正切值：0.9999999999999999
1的反正切值，以弧度表示：0.7853981633974483
1的反正切值，以角度表示：45
-0.1的反雙曲線正切值-0.10033534773107558
座標(1,1)的反正切值，以弧度表示：0.7853981633974483
座標(1,1)的反正切值，以角度表示：45
邊長3和4的直角三角形斜邊長：5
>
```

指數和對數函數方法：

ES6	函數	說明
	exp(x)	傳回 e 的次方 (e^x)
*	expm1(x)	傳回 e 的 x 次方減 1，相當 Math.exp(x)-1
	log(x)	傳回以 e 為底的對數
*	log1p(x)	傳回 log(1 + x)
	log2(x)	傳回以 2 為底數的對數
*	log10(x)	傳回以 10 為底數的對數

範例：

```html
<script>
// 指數與對數函數

console.log( "2 的自然對數：" + Math.log(2) )
console.log( "以 10 為底數時，86 的對數：" + Math.log10(86) )
console.log( "自然對數 e 為基數的 2 次方 " + Math.exp(2)  )
</script>
```

執行結果：

> 2的自然對數：0.6931471805599453
> 以10為底數時，86的對數：1.9344984512435677
> 自然對數e為基數的2次方：7.38905609893065
>
> ›

取概數方法

ES6	方法	說明
	abs(x)	絕對值
	ceil(x)	無條件進位 (不小於 x 的最小整數)
	floor(x)	無條件捨去 (不大於 x 的最大整數)
	round(x)	四捨五入
*	trunc(x)	去除數值的小數，返回整數部分

這些取概數的方法都是很常用的方法，其中 floor() 是取不大於 x 的最大整數，trunc() 是去除小數，只取整數部分，透過底下整合的範例您可以比較一下兩者的差異。

範例：approximate.htm

```
<meta charset="UTF-8" />
<script>
var x = -2.1547;
var y = 8.7152;

console.log( x+" => abs 取絕對值："+ Math.abs(x) )
console.log( y+" => ceil 無條件進位："+ Math.ceil(y) )
console.log( y+" => floor 無條件捨去："+ Math.floor(y) )
console.log( y+" => round 四捨五入："+ Math.round(y) )
console.log( y+" => trunc 去除小數："+ Math.trunc(y) )
// 請比較 floor() 與 trunc() 的差別
console.log("****floor() 與 trunc() 的差別 *****")
console.log( x+" => floor 無條件捨去："+ Math.floor(x) )
```

```
console.log( x+" => trunc 去除小數："+ Math.trunc(x) )
</script>
```

執行結果：

```
-2.1547 => abs取絕對值：2.1547
8.7152 => ceil無條件進位：9
8.7152 => floor無條件捨去：8
8.7152 => round四捨五入：9
8.7152 => trunc去除小數：8
****floor()與trunc()的差別*****
-2.1547 => floor無條件捨去：-3
-2.1547 => trunc去除小數：-2
>
```

其他數學運算方法：

ES6	方法	說明
*	cbrt(x)	計算立方根
*	clz32(x)	傳回 32 位無符號整數前導零的位數
*	fround(x)	傳回單精度浮點數，x 是雙精度浮點數
*	imul(x, y)	傳回兩個 32 位有符號整數相乘的值
	max(...array)	取數值中較大者，如果有某個參數無法轉換為數字，則返回 NaN
	min(...array)	取數值中較小者，如果有某個參數無法轉換為數字，則返回 NaN
	pow(x,y)	回傳 x 的 y 次方
	random()	產生介於 0 與 1 之間的亂數
*	sign()	返回數值的符號
	sqrt(x)	平方根

上述方法有些是針對二位元資料的處理，因此有些數字資料表示法的名詞，像是「無符號整數」、「單精度浮點數」、「雙精度浮點數」、「符號」等等，再實作範例之前，我們先簡單了解一下數字資料表示法，再來實作範例。

所有程式語言的數字資料表示法都是大同小異，只是 JavaScript 的數值與其他程式語言稍有不同之處，JS 的數值型別沒有 integer(整數)、float(浮點數)、double(雙精度浮點數) 之分，只有一種型別 number，標準採用 IEEE 754 二進位 (只有 0 和 1) 的雙精度浮點數 (以 64 位元來儲存浮點數) 表示，如下圖：

1. Sign：符號位，佔 1 bit，用來表示浮點數正或負，0 表示正數；1 表示負數

2. Exponent：指數位，用來表示經二進位表示法正規化的指數，佔 11bits

3. Fraction：數字位，佔 52bits

JavaScript 有一些運算只能使用 32 位元的有符號整數，像是位元運算子會將運算元隱式轉換為 32 位整數後再進行運算。

什麼是有符號整數呢？

整數有兩種類型，有符號整數與無符號整數，當左邊第一位位元是用來作為符號位表示是正數還是負數，這個數就稱為有符號整數；如果最左邊第一位沒有符號位元，所有位元都用來表示整數，稱為無符號整數。

無符號整數與有符號整數使用的記憶體空間相同，但省去了符號位就只能表示正值，例如 32 位元有號整數儲存範圍為 2^{32} / 2(一半要儲存負數)；32 位元無號整數儲存範圍為 2^{32}。

範例：**binary.htm**

```
<meta charset="UTF-8" />
<script>
console.log("-5 => 符號：" + Math.sign(-5) )
console.log("18 => 32 位無符號整數前導零的位數：" + Math.clz32(18) )
</script>
```

執行結果：

```
-5 => 符號：1
18 => 32位無符號整數前導零的位數：27
>
```

sign() 是傳回數值的符號，值只有 5 種，分別是 1(正數)、-1(負數)、0(正零)、-0(負零)、NaN。clz32() 是傳回 32 位無符號整數前導零的位數，18 換算成 32 位無符號整數是 00000000000000000000000000011000，傳回的前導 0 有 27 個。(在此簡單介紹 IEEE754 二進位資料表示法，如想進一步學習十進位與 IEEE754 二進位數轉換，請參考計算機概論相關書籍)

另一個要特別介紹的是 random() 方法，程式設計經常會使用到隨機產生的數值，稱為亂數 (Random Number)，尤其是製作遊戲時更常需要亂數，像是丟骰子、撲克牌發牌等等。

random() 函數的用法如下：

```
Math.random()  // =>0~1 的隨機浮點數 ( 不含 1)
```

random() 函數產生的最大數不會大於 1，最多也就是 0.9999...9，如果想要取得某個範圍的隨機數，可以先乘兩數的差值 (max-min)，再加上小的數 (min)，如下式：

```
Math.random() * (max - min) + min
```

範例：random.htm

```
<script>
var max=20;
var min=10;
var r=Math.random();
console.log(r)
console.log( r * (max - min) + min )
</script>
```

執行結果：

```
0.77483356761388
17.7483356761388
>
```

上面範例取出的 10~20 的隨機數是浮點數，如果想取得整數，可以搭配 Math. floor()，將小數點無條件捨去，請參考下列兩式：

```
Math.floor(Math.random() * (max - min)) + min;   //含 min 不含 max
Math.floor(Math.random() * (max - min + 1)) + min; //含 max 也包含 min
```

底下範例使用 random() 方法取得隨機浮點數、隨機整數與隨機布林值。

範例：random_all.htm

```
<meta charset="UTF-8" />
<script>
// 取得隨機浮點數
function getRandFloat(min, max) {
  return Math.random() * (max - min) + min;
}

// 取得隨機整數 (含 min 不含 max)
function getRandInt(min, max) {
  return Math.floor(Math.random() * (max - min)) + min;
```

```
}

// 取得隨機布林值
function getRandBool() {
  return Math.random() >= 0.5;
}

console.log( getRandFloat(10, 20) )
console.log( getRandInt(10, 20) )
console.log( getRandBool() )
</script>
```

執行結果：

```
18.351597317464588
10
true
>
```

第 5 堂課
集合物件

集合物件就好像一個大袋
子，將一群相關聯的資料，放
在一起組成一個物件。不僅可以
快速存取資料，也方便大量資料的
處理與運算。本章將介紹 JavaScript
裡的集合物件：Array、Map、Set。

5-1 陣列 (Array)

陣列 (Array) 是 JavaScript 提供的內建物件之一，主要功能是提供一連串具有連續性的儲存空間，值可以是字串、數值，或是另一個物件，然後再利用索引 (Index) 來存取每一個值，使用方便，而且可以大幅簡化程式碼喔！

5-1-1 宣告陣列物件

陣列物件裡的資料，稱為元素，使用陣列時，必須先宣告，再指定陣列元素。陣列元素的個數可配合狀況自動調整。

◆ 陣列的宣告

陣列宣告方式有下列三種：

方法一：

```
var arrayName =new Array();
```

先建立陣列物件 arrayName，再利用索引 (Index) 來指定每一個元素的值。例如：

```
arrayName[0]= " 元素一 ";
arrayName[1]= " 元素二 ";
```

陣列索引從 0 開始，例如 arrayName 陣列的第一個元素為 arrayName[0]，第二個元素為 arrayName[1]⋯依此類推。

方法二：

```
var arrayName = new Array(" 元素一 "," 元素二 ");
```

宣告陣列物件 arrayName，() 括號裡每一項代表陣列的元素，元素個數就是陣列的長度。

方法三：

```
var arrayName = [" 元素一 "," 元素二 "];
```

這種方式是以字面表達式構成的陣列列表，以中括號 ([]) 指定陣列的元素，使用括號表達式建立陣列時，陣列會自動初始化，並以元素個數來設定陣列的長度。

例如我們宣告一個陣列 arrayMajor，並指定陣列元素值為「英文」、「數學」、「國文」，那麼您可以這麼表示：

```
var arrayMajor =new Array();
arrayMajor[0]= " 英文 ";
arrayMajor[1]= " 數學 ";
arrayMajor[2]= " 國文 ";
```

也可以這麼表示：

```
var arrayMajor =new Array(" 英文 "," 數學 "," 國文 ");
```

或者這樣寫：

```
var arrayMajor =[" 英文 "," 數學 "," 國文 "];
```

◆ 取用陣列元素的值

陣列存放的每筆資料稱為「元素」，元素的個數就是陣列的「長度」(length)，透過陣列的「索引」(index) 來存取每個元素，索引值從 0 開始。例如底下 arr 陣列有 5 個元素，所以陣列的長度是 5，索引值從 0~4。

```
var arr =["A","B","C","D","E"];
```

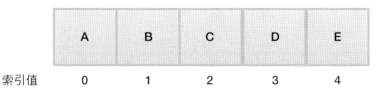

A	B	C	D	E
索引值　0　　　1　　　2　　　3　　　4

存取陣列內容值也是利用索引來達成，格式如下：

```
array[i];     //i 為元素的索引值，起始值為 0
```

例如我們想取出陣列 arrayMajor 中的「數學」，則可以這樣表示：

```
arrayMajor[1];
```

「數學」是陣列 arrayMajor 的第二個元素，所以索引值是 1。

底下範例是利用 for 迴圈來依序取出陣列的值。

範例：**array.htm**

```
<meta charset="UTF-8" />
<script>
//Array

arrayMajor=new Array(" 英文 "," 數學 "," 國文 "," 歷史 "," 地理 ");      // 宣
告陣列
for (i = 0; i < arrayMajor.length; i++) {          // 利用 length 屬性
取得陣列的元素個數
    console.log(` 第 ${i+1} 個陣列元素是 ${arrayMajor[i]}`);
}
</script>
```

執行結果：

```
第1個陣列元素是 英文
第2個陣列元素是 數學
第3個陣列元素是 國文
第4個陣列元素是 歷史
第5個陣列元素是 地理
```

範例中我們使用了 Array 物件的 length 屬性來得知陣列中共有幾個元素，再利用 for 迴圈將陣列元素輸出。

您也可以將 for 迴圈改用 foreach 迴圈來表示，程式敘述如下：

```
arrayMajor.forEach(function(item, i) {
  console.log(item,i);
});
```

上述 foreach 迴圈裡的匿名函式第一個參數是陣列元素的內容,第 2 個參數是索引值,輸出之後就會得到底下結果。

從上述介紹您可以知道陣列跟變數一樣都用來儲存資料,既然可以使用變數,為什麼還會用到陣列呢?

當儲存資料具相關性而且大量的時候就很適合使用陣列,譬如想要寫一個撲克牌發牌程式,撲克牌有 52 張,如果要宣告 52 個變數來儲存數字與花色,可就累人了,使用陣列不僅簡單方便,還可以利用 Array 物件內建的方法來管理陣列。

底下就來介紹陣列好用的屬性 (property) 及方法 (mothed)。

5-1-2 陣列的屬性與方法

陣列的屬性與方法可以讓我們在存取陣列時更加方便。

◆ 陣列的屬性 (property)

陣列屬性存取的表示法如下:

```
array.property
```

陣列的屬性有 length,其功用是取得陣列的個數。例如有一個陣列為 myArray,想取得陣列的個數,則可以寫成下式:

```
myArray.length
```

◆ 陣列的方法 (method)

陣列的方法使用表示法如下：

```
array.method()
```

常用的方法 (method)，詳列如下：

用於陣列排序的方法：sort() 和 reverse()

方法	說明
sort()	排列陣列元素
reverse()	反轉陣列元素排列

sort() 方法是將陣列排序，而 reverse() 方法則會將陣列反向排列，使用方式請參考底下範例：

範例：sort.htm

```html
<meta charset="UTF-8" />
<script>
//Array 方法：sort() 和 reverse()

arrayValue = ["12435", "23122", "54312", "0123"];
console.log("**** 原始陣列 ***");
console.log(arrayValue);
console.log("***sort() 排序後的陣列 ***");
console.log(arrayValue.sort());            // 排序
console.log("***reverse() 反排序後的陣列 ***");
console.log(arrayValue.reverse());         // 反排序
</script>
</head>


</script>
```

執行結果：

```
****原始陣列***
▶ (4) ["12435", "23122", "54312", "0123"]
***sort()排序後的陣列***
▶ (4) ["0123", "12435", "23122", "54312"]
***reverse()反排序後的陣列***
▶ (4) ["54312", "23122", "12435", "0123"]
>
```

TIPS

您執行之後會看到如下圖的執行結果，只要按一下「F5」鍵重整，chrome 就會顯示陣列的字面表達列表，您也可以將 console.log 改成 console.table()，以表格方式呈現完整的索引與陣列元素。

```
****原始陣列***
▶ Array(4)
***sort()排序後的陣列***
▶ Array(4)
***reverse()反排序後的陣列***
▶ Array(4)
>
```

取出陣列元素的方法：pop()、push()、shift()、unshift()

方法	說明
pop()	取出陣列尾端元素
push()	新增元素到陣列尾端
shift()	取出陣列第一個元素
unshift()	新增元素到陣列開端

shift() 與 unshift 是從陣列開頭取出與加入元素，而 pop() 與 push() 是從陣列尾端取出與加入元素，如下圖。

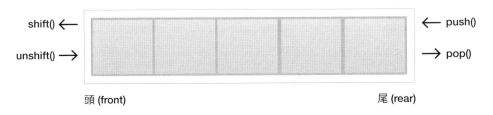

使用方式請參考底下範例：

範例：mutatorMethods.htm

```
<html>
<head>
<meta charset="UTF-8" />
<script>
arrayValue = [" 魔羯座 ", " 天秤座 ", " 天蠍座 "];
console.log(" 原始陣列 =>", arrayValue);

arrayValue.pop()
console.log("pop() =>", arrayValue );

arrayValue.push(" 水瓶座 "," 雙子座 ");
console.log("push 加入水瓶座、雙子座 =>", arrayValue);

arrayValue.shift()
console.log("shift =>", arrayValue );
```

```
arrayValue.unshift(" 巨蟹座 "," 獅子座 ");
console.log("unshift 加入巨蟹座、獅子座 =>", arrayValue);
</script>
```

執行結果：

```
原始陣列=> ▶ (3) ["魔羯座", "天秤座", "天蠍座"]
pop() => ▶ (2) ["魔羯座", "天秤座"]
push加入水瓶座、雙子座 => ▶ (4) ["魔羯座", "天秤座", "水瓶座", "雙子座"]
shift => ▶ (3) ["天秤座", "水瓶座", "雙子座"]
unshift加入巨蟹座、獅子座 => ▶ (5) ["巨蟹座", "獅子座", "天秤座", "水瓶座", "雙子座"]
>
```

重組陣列元素的方法：

ES6	方法	說明
*	copyWithin(target[,startIndex, endIndex])	替換陣列元素 (不包含 endIndex 元素)
	concat()	連結兩個陣列成一個新的陣列
*	fill()	指定陣列元素值
*	includes(item[, fromIndex])	搜尋陣列元素，回傳布林值 true 或 False(區分大小寫)
	indexOf()	搜尋陣列元素，回傳第一次相符的位置索引值，-1 表示找不到 (區分大小寫)
	lastIndexOf()	搜尋陣列元素，回傳最後相符的位置索引值，-1 表示找不到 (區分大小寫)
	slice(startIndex[,endIndex])	擷取陣列索引 startIndex~endIndex 元素 (不包含 endIndex 元素)
	join()	把陣列轉為由特定符號相連的字串
	toString()	轉換陣列為字串
	toLocaleString()	將陣列元素轉換為字串

使用方式請參考底下範例：

範例：accessorMethods.htm

```
<meta charset="UTF-8" />
<script>
array1 = ["魔羯座", "天秤座", "天蠍座","牡羊座","天秤座","處女座"];
array2 = [1, 2, 3];

console.log( array1.concat(array2) );
console.log( array1.includes("天秤座") );
console.log( array1.indexOf("天秤座") );
console.log( array1.lastIndexOf("天秤座") );

console.log( array1.join('-') );
console.log( array1.slice(2, 4));
console.log( array1.toString() );

console.log( array1.copyWithin(0, 3, 4) );

</script>
```

執行結果：

```
▶(9) ["魔羯座", "天秤座", "天蠍座", "牡羊座", "天秤座", "處女座", 1, 2, 3]
true
1
4
魔羯座-天秤座-天蠍座-牡羊座-天秤座-處女座
▶(2) ["天蠍座", "牡羊座"]
魔羯座,天秤座,天蠍座,牡羊座,天秤座,處女座
▶(6) ["牡羊座", "天秤座", "天蠍座", "牡羊座", "天秤座", "處女座"]
>
```

由上述範例可以看出，toString() 和 join() 得到的結果是一樣的，差別在於 toString() 是將陣列轉換成由逗點相連的字串，而 join() 是將陣列轉換成由特定符

號相連的字串。slice() 則與 join() 功能相反，它是將字串拆開轉成陣列，slice(2,4) 表示擷取索引值為 2 跟 3 的陣列元素。

includes()、indexOf() 與 lastIndexOf() 都可以用來檢查陣列裡是否包含某個元素，差別在於 includes() 只會傳回 true 或 false，indexof() 會傳回第一個相符的元素索引值，lastIndexOf 則傳回最後一個相符的元素索引值。

copyWithin() 是用來將陣列裡的元素更換位置，第一個參數是要被替換的起始目標，第二個與第三個參數是選定要換的元素起始索引與終止索引，選定的元素不包含終止索引元素，例如範例 copyWithin(0, 3, 4)，表示用 array1[3] 取代 array1[0]。

5-1-3 陣列的疊代 (Iteration) 方法

iteration(疊代) 這個名詞是形容循環重覆做同一件事情，像是迴圈敘述也被稱為疊代陳述句。

物件的 prototype(原型) 如果具有 @@iterator 屬性 (也就是 array[Symbol.iterator]())，稱為可疊代 (iterable) 物件，表示它可以透過疊代器循環拜訪下一個元素。Array 屬於可疊代物件，您可以利用 console.log() 輸出一個 Array，查看 prototype 找到 Symbol.iterator，說明 Array 是可疊代 (terable)。

```
▼Array(5) 🛈
   0: 10
   1: 20
   2: 30
   3: 40
   4: 50
   length: 5
  ▼__proto__: Array(0)
   ▶concat: ƒ concat()
   ▶constructor: ƒ Array()
   ▶copyWithin: ƒ copyWithin()

   ▶Symbol(Symbol.iterator): ƒ values()
```

Array 陣列提供疊代方法，如下表：

方法	說明
entries()	傳回一個新的陣列疊代器物件 (array Iterator)，包含陣列裡每個元素的內容與索引 (key/value)
every(function(){element, index, array}{ 規則敘述… })	檢查陣列的每一個元素是否都符合指定的規則
filter(function(){element, index, array}{ 規則敘述… })	傳回符合回呼函式指定規則的元素，回傳值是陣列。
find(function(){element, index, array}{ 規則敘述… })	傳回符合指定的規則的第一個元素，如果沒找到就傳回 undefined
findIndex(function(){element, index, array}{ 規則敘述… })	傳回符合指定的規則的第一個元素索引，如果沒找到就傳回 -1
keys()	傳回一個新的陣列疊代器物件 (array Iterator)，包含陣列裡每個元素的索引值 (key)
map(function(){ 程式敘述…. })	每一個元素都代入函式執行，函式回傳的值組成一個新的陣列
reduce(function(){ 程式敘述…. })	每一個元素都代入函式執行，函式回傳每一個執行的結果

方法	說明
some(function(){ 　程式敘述…. })	檢查是否有元素符合指定的規則，只要有一個元素符合規則就傳回 true；否則傳回 false
values()	傳回一個新的陣列疊代器物件 (array Iterator)，包含陣列裡每個元素的內容 (value)

疊代器物件 (Iterator) 具有 next() 方法，每次呼叫都會傳回疊代器結果物件 (IteratorResult)，包含 value 與 done 屬性，value 屬性是每次疊代取得的元素值，done 屬性是布林值，用來表示疊代是否完成，未完成 done 會是 false；完成時 done 就會為 true，此時 value 就會是 undefined。有點難理解，沒關係！我們實際來操作一次 Array 疊代器。

範例：iterator.htm

```
<meta charset="UTF-8" />
<script>
var arr = [1, 2, 3];
var iter = arr[Symbol.iterator]();  // // 傳回疊代器 (Iterator)
console.log(iter)
console.log(iter.next())
console.log(iter.next())
console.log(iter.next())
console.log(iter.next())
</script>
```

執行結果：

```
▶ Array Iterator {}
▶ {value: 1, done: false}
▶ {value: 2, done: false}
▶ {value: 3, done: false}
▶ {value: undefined, done: true}
>
```

底下是 entries()、values()、filter() 方法的操作範例。

範例：iteratorMethods.htm

```
<meta charset="UTF-8" />
<script>

array1=[10, 20, 30, 40, 50];
console.log(" 原始陣列 ", array1)
//entries()
var iterator1 = array1.entries();
console.log( iterator1.next().value );  // Array [0, 10]

//values()
var iterator1 = array1.values();
console.log( iterator1.next().value );    // 10

//filter()
var filtered = array1.filter(value => value > 25);
console.log( filtered )  // [30, 40, 50]

</script>
```

執行結果：

```
原始陣列 ▶ (5) [10, 20, 30, 40, 50]
▶ (2) [0, 10]
10
▶ (3) [30, 40, 50]
>
```

entries() 方法傳回的是新的 Array iterator 物件，值會包含陣列元素的 index(key) 與內容值 (value)，因此會是一對 [key, value] 的陣列。values() 方法傳回的也是新的 Array iterator 物件，由於 values 方法只取 value，因此只會傳回 10(不含 index)。filter() 裡的回呼函式規則是大於 25，因此只會傳回陣列 [30、40、50]，回呼函式是使用箭頭函式寫法，相當於下面敘述：

```
var filtered = array1.filter(function(value){
    return value >= 25;
});
```

map() 與 reduce() 方法是可以大批且快速處理陣列元素值的物件，map() 具有對映的效果；reduce() 方法則是歸納，兩者執行結果會是新的陣列，不會影響原始陣列。先透過底下範例來看 map() 的用法。

範例：map.htm

```
<meta charset="UTF-8" />
<script>
var arr =[1,10,25];
console.log(" 原始陣列 ", mapArr);

var mapArr = arr.map(x => x*2);
console.log(mapArr);
</script>
```

執行結果：

```
▶ (3) [1, 10, 25]
▶ (3) [2, 20, 50]
>
```

範例中我們希望將每個陣列元素值乘 2，利用 map() 方法只要在回呼函式寫好，一行程式就完成了。回呼函式的箭頭函式相當於下式：

```
function(x){
return x*2;
}
```

map() 不僅能做整批陣列元素的運算，利用 map() 對映的特性，也可以搭配內建函式與方法進行運算，例如有一陣列的元素全部是浮點數，想要把全部元素四捨五入轉換為整數，也可以透過 map() 加上 Math.Round() 方法快速達成，請看底下範例。

範例：**map_round.htm**

```
<meta charset="UTF-8" />
<script>
var arr =[1.15, 10.152, 25.526];
var mapArr = arr.map(Math.round);
console.log(mapArr);
</script>
```

執行結果：

```
▶(3) [1, 10, 26]
>
```

接著，再來看看 reduce() 的用法。

reduce() 是歸納運算，像是連加、連乘等運算，reduce() 方法裡的回呼函式包含 4 個參數及 1 個初始值，如下所示：

◆ accumulator：每一次累計的返回值

◆ currentValue：當前處理的元素值

◆ currentIndex：當前處理的元素索引

◆ array：當前處理的陣列

◆ initialValue：初始值，第一次呼叫回呼函式時要傳入的累加器初始值，如果省略初始值則 accumulator 會是陣列第一個元素，currentValue 是陣列第二個元素，currentIndex 從 1 開始。

範例：**reduce.htm**

```
<meta charset="UTF-8" />
<script>
var array1 = [1, 2, 3, 4];

// 無初始值
```

```
var reduceArr = array1.reduce((acc, cur, idx, src) => {
        console.log(acc, cur, idx);
        return acc + cur;
});
console.log(reduceArr); // 1 + 2 + 3 + 4 = 10

// 有初始值
var reduceArr = array1.reduce((acc, cur, idx, src) => {
        console.log(acc, cur, idx);
        return acc + cur;
}, 10 );    // 初始值 10
console.log(reduceArr); // 10 + 1 + 2 + 3 + 4 = 10
</script>
```

執行結果：

```
1 2 1
3 3 2
6 4 3
10
*********
10 1 0
11 2 1
13 3 2
16 4 3
20
>
```

5-2　Map 物件與 Set 物件

Map 與 Set 是 ES6 提供的兩種新的集合物件，這一小節我們就來認識這兩種集合物件以及它們與 Array 的差異。

5-2-1 Map 物件

如果想要使用陣列來儲存班級學生姓名及成績，可以使用二維陣列，譬如 scores 陣列包含學生姓名及各科的成績，如底下敘述：

```
let scores= [];
scores[0] = ['Eileen', [95, 85, 62]];
scores[1] = ['Jennifer', [60, 54, 90]];
scores[2] = ['Brian', [80, 90, 85]];
```

如果想要查詢學生 Jennifer 的成績，就要先在 scores 陣列找到學生 Jennifer 所在元素的索引值，再以索引值去 scores[1] 陣列對應 scores[1][1] 取出學生 Jennifer 的成績，或是使用疊代的方法尋找，不僅執行效率不佳，也難維護。上述情況使用 Map 物件就簡單多了，而且迅速就能搜尋到想要的資料。

Map 物件每組元素都有對應的鍵 (key) 與值 (value)，而且任何值都可以當作 key 與 value。

建立 Map 物件語法如下：

```
new Map([iterable])
```

括號 () 內必須是可疊代物件，像是陣列或其他具鍵值對的可疊代物件。

您可以新增一個空的 map 物件再利用 set() 方法加入元素，例如：

```
var myMap= new Map();   // 新增一個空的 map 物件
myMap.set('name', 'Jennifer');
myMap.set('age', 18);
myMap.set('tel', '1234567');
```

set() 方法會傳回相同的 Map 物件，也可以把 set() 方法連接再一起，如下式：

```
myMap.set('name', 'Jennifer').set('age', 18).set('tel', '1234567');
```

或者直接在新增 map 物件時就加入元素，例如下式新增 map 物件並加入有三個元素的陣列：

```
var myMap = new Map([["name", "Jennifer"], ["age", 18],["tel",
"1234567"]]);
```

map 物件的屬性如下：

屬性	說明
size	計算 map 物件裡有多少元素

map 物件提供的方法如下：

方法	說明
clear()	刪除所有元素
delete(key)	刪除指定的元素
entries()	傳回一個新的陣列疊代器物件 (array Iterator)，包含 map 裡每個元素的鍵與值 (key/value)
forEach(function(){})	對每個元素執行回呼函式裡的敘述
get(key)	傳回指定的元素
has(key)	檢查是否存在指定的元素，傳回布林值 (true/false)
keys()	傳回一個新的陣列疊代器物件 (array Iterator)，包含 map 裡每個元素的 key
set(key, value)	加入元素鍵與值
values()	傳回一個新的陣列疊代器物件 (array Iterator)，包含 map 裡每個元素的 value

Map 物件的操作請看底下的範例。

範例：MapObject.htm

```
<meta charset="UTF-8" />
<script>
```

```
var myMap = new Map();

myMap.set('Eileen', [95, 85, 62]);
myMap.set('Jennifer', [60, 54, 90]);
myMap.set('Brian', [80, 90, 85]);

// 遍歷 Map 元素
myMap.forEach(function(value, key, map) {
    console.log(key, value);
});

console.log( "***********" )

console.log( myMap.get('Jennifer') )     // [60, 54, 90]
console.log( myMap.has('Joan') )      // 沒有 'Joan' 故傳回 false
console.log( myMap.size )     // 元素個數：3

myMap.delete('Jennifer')
console.log( myMap.size )      // 元素個數：2

myMap.clear()
console.log(myMap.size)      // 元素個數：0

</script>
```

執行結果：

```
Eileen ▶ (3) [95, 85, 62]
Jennifer ▶ (3) [60, 54, 90]
Brian ▶ (3) [80, 90, 85]
***********
▶ (3) [60, 54, 90]
false
3
2
0
>
```

5-2-2 Set 物件

Set 物件是一組資料值 (value) 的集合，由不重複的元素組成，也就是每一個值都是唯一值。

建立 Set 物件語法如下：

```
new Set([iterable])
```

括號 () 內必須是可疊代物件，您可以新增一個空的 Set 物件再利用 add() 方法加入元素，例如：

```
var mySet= new Set();   //新增一個空的 Set 物件
mySet.add('Jennifer');
mySet.add(18);
mySet.add('1234567');
```

add() 方法會傳回相同的 Set 物件，可以把 set() 方法連接再一起，如下式：

```
mySet.add('Jennifer').add(18).add('1234567');
```

或者直接在新增 Set 物件時就加入元素，例如下式新增 Set 物件並加入有三個元素的陣列：

```
var mySet= new Set(['Jennifer', 18 , '1234567']);
```

Set 物件的屬性如下：

屬性	說明
size	計算 Set 物件裡有多少元素

Set 物件提供的方法如下：

方法	說明
add(value)	加入元素值
clear()	刪除所有元素

方法	說明
delete(key)	刪除指定的元素
entries()	傳回一個新的陣列疊代器物件 (array Iterator)，包含 Set 裡每個元素值，Set 雖然沒有 key，但仍保持物件 key/value 的型態，傳回 [value, value]
forEach(function(){})	對每個元素執行回呼函式裡的敘述
has(value)	檢查是否存在指定的元素，傳回布林值 (true/false)
keys()	values() 方法的別名，執行結果會與 values() 相同
values()	傳回一個新的陣列疊代器物件 (array Iterator)，包含 Set 裡每個元素值

Set 物件的操作請看底下的範例。

範例：setObject.htm

```
<meta charset="UTF-8" />
<script>
var mySet = new Set([1, 2, 3, 3, 4, 5]);

console.log(mySet);   //3不重覆, 故只有5個元素 {1, 2, 3, 4, 5}

console.log( mySet.has(2) );   //true

mySet.delete(3);
console.log(mySet);   //{1, 2, 4, 5}

var iter = mySet.entries();
console.log(iter.next().value); // [1, 1]

mySet.clear();
```

```
console.log(mySet);    //{}
```

```
</script>
```

執行結果：

```
▶ Set(5) {1, 2, 3, 4, 5}
true
▶ Set(4) {1, 2, 4, 5}
▶ (2) [1, 1]
▶ Set(0) {}
>
```

第 6 堂課
函式與作用域

當程式越複雜，程式維護與除錯就變得更困難，其實我們可以將程式重複的部分寫為函式 (Function) 來簡化程式。

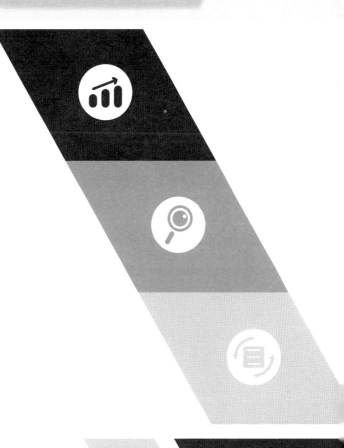

6-1　自訂函式

函式 (Function) 是一組定義好的程式敘述，當主程式需要使用函式內定義的程式敘述時，只要呼叫該函式，就可以執行，也就是將程式「模組化」的意思。

使用函式 (Function) 有下列幾項優點：

1. 可重複叫用，簡化程式流程。

2. 程式除錯容易。

3. 便於分工合作完成程式。

底下就來說明如何使用函式。

6-1-1　函式的定義與呼叫

函式必須先行定義，定義好的函式並不會自動執行，只有在程式中呼叫該函式名稱之後，才會執行該函式。底下先來看看如何定義函式。

▌ 定義函式

JavaScript 中的函式包含函式名稱 (Function name)，定義函式的格式如下：

```
function 函式名稱 ()
{
    程式敘述；

    return 回傳值      // 可省略
}
```

如果需要函式回傳值給主程式，可用 return 敘述來傳回資料。

▌ 呼叫函式

函式呼叫的方法如下：

```
函式名稱 ();
```

請參考底下範例：

範例：

```
<script>
function myJob() {                       // 定義 myJob 函式
    console.log(" 呼叫了 myJob 函式 !");
}

myJob()   // 呼叫函式
</script>
```

執行結果：

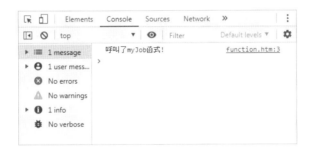

以上範例中，我們定義了一個沒有參數的函式 myJob()，並且呼叫它。如果想要讓函式能依照不同的狀況而做不同的處理，這時我們可以給函式參數。

6-1-2 函式參數

函式可以將參數 (parameter) 傳入函式裡面，成為函式裡的變數，讓程式能夠根據這些變數做處理。函式參數只會存活函式裡面，函式執行完畢也會跟著結束。

假如我們想要在螢幕上輸出學生的平均成績，成績的計算方式都是相同的，學生的個人資料卻是不相同的，這時就可以將個人資料當成參數傳入函式內，進行處理。

定義函式表示方式如下：

function 函式名稱 (參數 1, 參數 2,…, 參數 n) {…};

參數與參數之間必須以逗號 (,) 區隔。呼叫函式傳入的引數 (argument) 數量最好與函式所定義的參數數量相符合，格式如下：

函式名稱 (引數 1, 引數 2,…, 引數 n)；

JavaScript 呼叫函式的時候，並不會對引數數量做檢查，只從左到右將引數與參數配對，沒有配對到的參數值會是 undefined。請參考底下範例。

範例：parameter.htm

```
<script>
// 函式參數

function myScore(stu_Name,stu_Math,stu_Eng) {            // 定義
myScore 函式，並設定 3 個參數
      console.log(" 引數數量：" + arguments.length );
      console.log(" 學生姓名:"+stu_Name+" 數學成績:"+stu_Math+" 英文成績:
"+stu_Eng);
}


myScore("Eileen","90","100");     // 呼叫 myScore 函式並傳入 3 個引數
myScore("Jennifer","60");         // 呼叫 myScore 函式並傳入 2 個引數
myScore("May","70","90","100"); // 呼叫 myScore 函式並傳入 4 個引數
</script>
```

執行結果：

上例中呼叫了 myScore 函式，同時將引數分別傳入 myScore 函式內的 stu_Name、stu_Math 與 stu_Eng 三個參數。當實際傳入的引數少於函式參數時，缺少的參數會是 undefine；當引數多於參數時，多的參數會被忽略。

函式有一個特殊內建物件 arguments 物件，可以取得引數陣列，利用 arguments 物件的 length 屬性可以取得函式傳入幾個引數。

如果您用 console.log(arguments) 查看 arguments 物件，就能完整顯示 arguments 物件的屬性與方法。

```
▼Arguments(3) ["Eileen", "90", "100", callee: ƒ, Symbol(Symbol.iterator): ƒ]
    0: "Eileen"
    1: "90"
    2: "100"
  ▶callee: ƒ myScore(stu_Name,stu_Math,stu_Eng)
    length: 3
  ▶Symbol(Symbol.iterator): ƒ values()
  ▶__proto__: Object
>
```

如果擔心實際傳入的引數少於函式參數，會取到 undefine，我們可以給參數指定預設值，例如：

```
function myScore(stu_Name = '', stu_Math = 0, stu_Eng = 0)
```

如此一來沒有引數的參數就不會是 undefine，修改後的執行結果如下：

```
引數數量：3
學生姓名：Eileen數學成績：90英文成績：100
引數數量：2
學生姓名：Jennifer數學成績：60英文成績：0 ●————— 自動為 0
引數數量：4
學生姓名：May數學成績：70英文成績：90
> |
```

除了參數指定預設值之外，您也可以在函式裡面利用 typeof 指令判斷參數是否有值，寫法如下：

```
if ( typeof stu_Eng === 'undefined') {
    stu_Eng = 10;
}
```

上式也可以用邏輯運算子 (||) 簡化，如下所示：

```
stu_Eng = stu_Eng || 10;
```

記得 ||(或) 運算子嗎？如果 stu_Eng 轉換為布林 (Boolean) 是 true，會傳回 stu_Eng，否則傳回 10。

TIPS

空字串 ("" 、 '')、0、-0、null、NaN、undefined 轉換為 Boolean 都是 false。

6-1-3 函式回傳值

當我們希望能取得函式執行處理之後的結果，那麼就可以利用 return 敘述來達成，格式如下：

```
return value;
```

return 敘述會終止函式執行並回傳 value，如果省略 value 則表示只終止函式執行，會回傳 undefined。

請參考底下範例。

範例：return.htm

```
<script>
// 有回傳值的函式

function myAvg(stu_Name='', stu_Math = 0, stu_Eng = 0) {
    let stu_Avg =( stu_Math + stu_Eng ) / 2;
    return stu_Avg;            // 回傳值
}

let avg = myAvg("Eileen",90,100);   // 變數 avg 接收 myAvg 函式回傳值
```

```
console.log(" 平均成績 : " + avg);
</script>
```

執行結果：

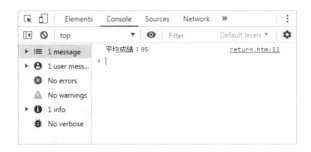

範例中定義了一個有回傳值的函式 myAvg，當程式呼叫 myAvg 函式後便會將計算結果傳回。您可以像範例一樣利用變數來接收回傳值，或者直接取用回傳值，例如：

```
console.log(" 平均成績 : " + myAvg("Eileen",90,100) );
```

**TIPS**

函式內的變數請使用 var 或 let 來宣告，當函式執行完記憶體也會回收，如果不進行宣告，變數會是全域變數，就算函式結束，變數也要等到整個程式結束才會被釋放。

6-2 函式的多重用法

JavaScript 的函式屬於一級函式 (First-class Function)，所謂一級函式具有下列特性：

◆ 可以指定給變數

◆ 可以當作引數傳給函式使用

◆ 可以作為函式的回傳值

因此 JavaScript 函式用法非常彈性，這一節我們就來瞭解函式多重的用法以及需要留意的限制。

6-2-1 函式宣告式 (Function Declaration)

函式宣告式 (Function Declaration，簡稱 FD) 就是一般具名函式寫法，前面介紹的函式寫法都屬於函式宣告式。函式宣告在執行階段之前就會被建立，因此也具有提升 (Hoisting) 的特性，整個程式同一個作用域 (scope) 內都可以呼叫這個函式，呼叫函式方法不管放在函式定義之前或之後都可以，很方便就能夠重複利用。請看底下範例：

範例：functionDeclaration.htm

```
<script>
//Function Declaration

myfunc(10, 20);    // 呼叫放在函式前
function myfunc(a, b) {
    console.log('a='+a+',b='+b);
}
myfunc(100, 200);    // 呼叫放在函式後

</script>
```

執行結果：

```
a=10,b=20
a=100,b=200
>
```

6-2-2 函式表達式 (Function Expressions)

函式表達式 (Function Expressions，簡稱 FE) 是用等號 (=) 將函式宣告式轉換為函式表達式，也有人稱為「函式運算式」或「函式實字 (function literal)」，格式如下：

```
var 變數 = function [函式名稱](參數1,參數2,…,參數n){
    程式敘述;
    return 回傳值;
};
```

其實也就是將函式指派給一個變數,在程式建構時期只會有變數宣告,這個變數還沒有值,等到執行時期才會把函式建立。函式表達式裡的函式如果沒有名稱,稱為「匿名函式」;有函式名稱則稱為「具名函式」。我們同樣以上一小節的例子先來看看匿名函式的用法:

```
var myfunc = function(a,b) {
    console.log('a='+a+',b='+b);
}
myfunc(10, 20);   // 執行結果:a=10,b=20
```

執行結果與函式宣告是一樣的,您可能會有疑問,使用簡單明瞭的函式宣告就好,為什麼還需要函式表達式呢?透過底下的範例,就能快速瞭解函式表達式的優點。

範例:functionExpressions.htm

```
<script>
//Function Expressions
function checkflag(flag){   // 函式宣告式
    if (flag) {
        var myfunc = function(a,b){    // 函式表達式
            return a + "+" + b + "=" + (a + b);
        };
    }else{
        var myfunc = function(a,b){    // 函式表達式
            return a + "*" + b + "=" + (a * b);
        };
    }
    console.log(myfunc(10,20))
}
```

```
checkflag(true);
checkflag(false);
</script>
```

執行結果：

```
10+20=30
10*20=200
>
```

程式裡利用 flag 變數來決定要執行哪一個函式，當 flag 值等於 true 時，就會執行第一個 myfunc 函式；flag 值等於 false 時，就執行第二個 myfunc 函式。

函式表達式可以讓您依照條件來建立函式，程式撰寫就更有彈性了。

函式表達式的生命週期是由變數而決定，如果確定已不再使用，可以將變數的參考移除，記憶體就可以被 GC 回收。移除參考的方式很簡單，只要將它重設為 null 就可以了。例如：(removeReference.htm)

```
<script>
//remove reference
var myfunc = function(a,b){
    return a + "+" + b + "=" + (a + b);
};

console.log(myfunc(10,20))    // 返回 10+20=30
myfunc = null;   // 重設 myfunc
console.log(myfunc(10,20))    //error: myfunc is not a function
</script>
```

執行結果：

```
10+20=30
⊗ Uncaught TypeError: myfunc is not a function
      at removeReference.htm:9
> |
```

函式表達式在執行階段才建立，因此您不能在 myfunc 函式之前呼叫它，因為 var 宣告的 myfunc 這時候還只是一個初始值為 undefined 的變數，來看看底下這個敘述：

```
console.log( myfunc(10, 20) );  // 函式表達式之前呼叫它
var myfunc = function(a,b){
    return a + "+" + b + "=" + (a + b);
};
```

執行之後就會出現 myfunc is not a function 的錯誤訊息。

```
⊗ ▶ Uncaught TypeError: myfunc is not a function  functionExpressions.htm:7
       at checkflag (functionExpressions.htm:7)
       at functionExpressions.htm:19
>  |
```

函式表達式也可以具名宣告，當函式內的程式有錯誤時，如果是具名函式就會顯示出函式名稱。

範例：namedFunction.htm

```
var myfunc = function add(a,b){
    return x;
};
console.log(myfunc(1,2))
```

執行結果：

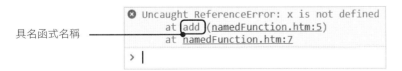

具名函式名稱
```
⊗ Uncaught ReferenceError: x is not defined
       at add (namedFunction.htm:5)
       at namedFunction.htm:7
>  |
```

函式內的 x 未定義執行會回傳錯誤，console 訊息會顯示出錯的具名函式名稱。

具名函數只在函式內部有效，函數之外無法使用，當函式內需要呼叫自己的時候，具名函式就派上用場了。底下範例是使用函式表達式具名函式計算 n 的階層 (1*2*3…*n)。

範例：factorial.htm

```
<script>
// 具名函式計算階層

var myfunc= function factorial(n){
    let x = (n == 1 ? n : n * factorial(n - 1));
    console.log( n + " > " + x)
  return x;
};

console.log( "5!=" + myfunc(5))
</script>
```

執行結果：

```
1 > 1
2 > 2
3 > 6
4 > 24
5 > 120
5!=120
>
```

函式本身呼叫自己的模式稱為「遞迴呼叫」(Recursive Calls)，使用遞迴函式可以讓程式碼變得簡潔，正確使用有助於提升執行效率，但是使用時要特別注意遞迴的結束條件，否則就會造成無窮迴圈。

範例中的 factorial() 函式就是利用遞迴方式來完成階層的計算，每次執行時 n-1，當 n 等於 1 時就直接傳回 n，所以就不會再呼叫自己，程式結束。

6-2-3 立即執行函式 (IIFE)

立即執行函式 (Immediately Invoked Function Expression，簡寫 IIFE) 顧名思義就是可以立即執行的函式，也稱為自執行函式。我們只要在函式表達式後方加上小括號 ()，JS 引擎一看到它就會建立函式馬上執行，並把執行後的值傳給變數，函式完成使命就不存在了。

我們先來看如下的敘述，這只是單純的函式表達式：(FE.htm)

```
<script>
var myfunc = function(){
    return "hello";
};
console.log(myfunc)    // 輸出 myfunc 變數值
console.log(typeof myfunc)    // 檢驗 myfunc 的型別
console.log(myfunc())    // 呼叫 myfunc 函式
</script>
```

執行結果：

```
ƒ (){
    return "hello";
}
function
hello
> |
```

當輸出變數 myfunc 的時候，myfunc 已經被指派了一個匿名函式，所以傳回函式本身，執行 myfunc() 則傳回 hello。

現在我們將上述程式修改為立即執行函式。(IIFE.htm)

```
<script>
var myfunc = function(){
    return "hello";
}();————————————————————————————————— 請在這裡加入一對小括號
console.log(myfunc)    // 輸出 myfunc 變數值
console.log(typeof myfunc)    // 檢驗 myfunc 的型別
console.log(myfunc())    // 呼叫 myfunc 函式
</script>
```

執行結果：

```
hello
string
⊗ Uncaught TypeError: myfunc is not a function
       at IIFE.htm:7
> |
```

myfunc 變數只儲存函式執行結果，而不是函式本身，因此 console.log(myfunc) 會輸出函式回傳的值，myfunc 只是個變數，它的型別會依照函式傳回的資料型別轉換，因此呼叫 myfunc() 就會出現 myfunc is not a function 的錯誤訊息。

上述是沒有參數的立即執行函式，如果函式需要傳入參數，只要在小括號添加對應的引數就可以了，如下所示：

```
<script>
var myfunc = function(a,b){
    return a + "+" + b + "=" + (a + b);
}(10, 20);    // 要傳入函式執行的引數
console.log(myfunc)
</script>
```

如果函式沒有回傳值，就不需要變數來接收，可是沒有指定給變數不就像個函式宣告式？沒錯！JS 引擎會認為它就是函式宣告，後面不該有小括號，所以下列兩種寫法都會回傳錯誤。

```
function (){
    console.log("hello")
}();  //Error：函式宣告式不能匿名，必須有函式名稱

function myfunc(){
    console.log("hello")
}();  //Error：() 只適用函式表達式
</script>
```

立即執行函式必須是函式表達式才行，我們可以用括號 () 優先權運算子 (precedence operator) 將函式包起來，JS 引擎就會將它視為函式表達式，格式如下：

```
(function(){
   console.log("hello")
})();
```

或者也可以這樣表示：

```
(function(){
   console.log("hello")
}() );
```

立即執行函式常常被使用於只執行一次的程式碼，例如程式的初始化。使用匿名函式的好處，是執行完畢所佔的記憶體就會立即回收。

6-2-3 箭頭函式 (Arrow function)

箭頭函式 (Arrow function) 一種函式精簡的寫法。基本的格式如下：

```
( 參數 ) => {
   程式敘述 ;
   return value;
}
```

底下是一般函式表達式的寫法：

```
var myfunc = function(a, b) {    // 函式表達式
   return a + b;
}
console.log(myfunc (10, 20))    // 呼叫函式
```

如果改用箭頭函式就直接以箭頭來替代 function，如下所示：

```
var myfunc = (a, b) => {    // 箭頭函式表達式寫法
    return a + b;
}
console.log(myfunc (10, 20))    // 呼叫函式
```

如果函式裡只有單一行敘述，也可以省略大括號 {} 與 return 關鍵字，如下式：

```
var myfunc = (a,b) => a + b;
```

要特別注意的是箭頭函式沒有自己的 this、arguments、super 或 new.target，因此不能使用前面介紹過的方法 console.log(arguments) 來查看參數的個數。

箭頭函式如果只有一個參數，可以不加括號，例如底下兩種寫法都可以。

```
var myfunc = (a) => console.log("Hello!" + a);
var myfunc = a => console.log("Hello!" + a);    // 一個參數可以不加括號
```

如果箭頭函式沒有參數，仍必須保留括號，例如：

```
var myfunc = () => console.log("Hello!");
```

底下透過實際範例再來複習箭頭函式的用法。

範例：arrowFunction.htm

```
<script>
var sum = arr => {
    return arr.reduce( (a, b) => a + b );
}
console.log( sum([1, 2, 3, 4, 5]));
</script>
```

執行結果：

```
1+2+3+4+5 = 15
>
```

範例使用了 reduce 方法。

6-2-4 作用域鏈 (Scope chain) 與閉包 (Closure)

相信您對於作用域應該不陌生，函式裡的變數只能存活在這個函式裡面，這個函式的區域範圍就是變數的「作用域 (Scope)」。例如底下程式敘述，在函式外面輸出 a 就會出現 a 尚未定義的錯誤訊息。

```
<script>
function func() {
  var a = 10;
  console.log("func 函式裡面的 a", a);  //a 輸出 10
}
func();
console.log(a);  //error: a is not defined
</script>
```

那麼，函式裡包含另一個函式呢？

```
<script>
function func() {
  var a = 10;
  console.log("func 函式裡面的 a", a);  //a 輸出 10
  function funcInside() {
    console.log("funcInside 函式裡呼叫 a", a);  //a 輸出 10
  }
  funcInside();
}
func();
</script>
```

變數 a 雖然不在 funcInside 函式裡面，JavaScript 尋找變數時，會循著作用域一層一層往上找，在 funcInside() 作用域找不到變數 a，就往上一層 func() 找，如果還是找不到就再往上一層，最上層就是全域物件，如果還是找不到就拋出錯誤。這種訪問機制稱為「作用域鏈 (Scope chain)」。

再來看看底下的範例。

範例：funcInside.htm

```
<script>
function func() {
  var a = 10;
  function funcInside(b) {
      console.log("a+b=", a + b );
  }
  return funcInside;   // 傳回 funcInside 函式
}
var newFunc = func();   //newFunc 接收的是 funcInside 函式
newFunc(5);   //a+b=15
</script>
```

執行結果：

```
a+b= 15
>
```

範例裡的 func 函式裡面直接將 funcInside 函式回傳，變數 newFunc 這時候就相當於 funcInside 函式，當執行 newFunc(5) 也就是把引數 5 帶入 funcInside() 的參數 b，由於作用域鏈的機制，funcInside 可以取到上一層的 a 來進行運算。

當程式執行完 var newFunc = func(); 這一行，照理說 func() 函式應該功成身退，把資源釋放掉，等待 GC 回收，不過您可以發現 func() 函式裡的 a 仍然可以被抓來運算，這時候的變數 a 稱為「自由變數 (free variable)」。

可使用自由變數的內部函式我們就稱它為「閉包 (Closure)」，在這個範例裡 funcInside() 就是一個閉包，func 函式的資源已經被其他函式引用，所以 GC 不會回收它的資源，必須等到使用閉包的函式解除引用，才會被釋放。

閉包具有物件導向程式「資料隱藏」與「封裝」的特性 (物件導向觀念請參考下一章的說明)，將私有的函式與變數包在函式裡，只透過一個公開的介面讓外部叫用，當撰寫套件程式或是需要團隊協同合作，擔心變數名稱會衝突，就可以使用閉包。

閉包濫用會佔用過多的記憶體，所以要慎用閉包，最好使用完畢能解除引用 (設為 null)，讓 GC 可以回收。

底下利用閉包撰寫一個存提款的物件模組，實作介面來訪問私有的函式與變數。

範例：**closure.htm**

```html
<meta charset="UTF-8" />
<script>
var account = (function() {
  var balance = 1000;      // 帳戶初始金額
  return {
    deposit: function(d) {  // 存款
      balance+=d;
    },
    withdraw: function(w) {  // 提款
      balance-=w;
    },
    value: function() {
      return balance;
    }
  };
})();

console.log(account.value()); // 顯示餘額
account.deposit(500);         // 存入 500
console.log(account.value());
```

```
account.withdraw(100);           // 提出 100
console.log(account.value());

account = null;   // 解除引用
</script>
```

執行結果：

```
1000
1500
1400
>
```

balance 變數隱藏在匿名函式裡面，外部無法存取，只能透過公開的函式 deposit、withdraw 與 value 這三個閉包，才能改變 balance 的值。最後一行程式將使用完畢的 account() 設為 null 來解除引用。範例使用了物件的操作方式，下一章將會介紹 JavaScript 物件。

第 **7** 堂課
物件、方法與屬性

前面章節不斷提到「物件
(Object)」，相信您應該不陌生！
JavaScript 到處都是物件，我們也
一直都在使用它，不管是陣列、函
式或是瀏覽器的 API 都是物件，本章
就好好來認識 JavaScript 的物件並學習
如何自訂物件。

7-1 物件基本概念

Javascript 除了原生型別 number、string、boolean、null、undefined 之外，幾乎都是物件，物件具有屬性 (properties) 與方法 (methods) 可以操作，使用「物件」來做程式設計模式稱為「物件導向程式設計」，我們先來認識什麼是物件導向。

7-1-1 認識物件導向

物件導向 (Object-oriented) 是程式開發設計的方式，顧名思義就是以物件為主的設計方法。

建立物件之前必須先定義物件的規格形式，稱為「類別 (class)」，也就是先定義好這個物件長什麼樣子以及要做哪些事情。類別定義的樣式，稱為「屬性」(Properties)，要做的事情或提供的服務，稱為「方法」(Methods)。「物件」則是由類別利用 new 關鍵字建立的物件實體 (instance)，由類別建立物件實體的過程稱為「實體化 (Instantiation)」。

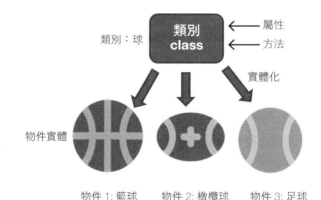

物件 1: 籃球　　物件 2: 橄欖球　　物件 3: 足球

如上圖，物件 1、物件 2、物件 3 都是由「球」這個類別實體化的物件實體，都會具有「球」類別所定義的屬性與方法。

物件導向的三大特性，分別是「封裝 (Encapsulation)」「繼承 (Inheritance)」與「多型 (Polymorphism)」，以下簡單說明這三大特性。

◆ 封裝：類別的內部成員封裝起來，他人不需要知道程式內部是如何實作，只能透過類別所提供的介面來操作公開的成員，達到「資料隱藏」(information hiding) 的效果，避免資料被任意修改及讀寫，也能過濾不必要或錯誤的資料。

◆ 繼承：利用舊的類別建立出新的類別，舊類別稱為「父類別」，新的類別則稱為「子類別」。子類別不但會保有父類別公開的屬性與方法，還能夠擴充自己的屬性與方法。如此一來，程式就可以重複使用。

◆ 多型：多型也稱為「同名異式」，簡單來說就是使用同一個介面，在不同的條件下執行不同的動作。以日常生活舉例來說，經理與清潔工都是公司的員工：

```
Manager a = new Employee('manager');  // 經理物件
 Janitor b = new Employee('janitor');  // 清潔工物件
```

Employee 類別裡定義了一個 ShowSalary() 方法顯示員工的薪水。Manager 呼叫 ShowSalary() 方法會顯示底薪加獎金；Janitor 呼叫 ShowSalary() 方法只會顯示底薪，雖然兩者的介面都是 ShowSalary()，但執行 a.ShowSalary() 與 b.ShowSalary() 就會取得各自的薪水。

從上面描述可以知道物件導向程式很容易達到模組化，封裝與繼承讓程式很輕易就能夠重複利用，多型可以讓程式很靈活的修改來符合設計要求，這些就是物件導向程式設計的優點：易維護 (maintainable)、易擴充 (extensible)、再利用 (reusable)。

「繼承」是比較難以理解的特性，底下舉個實例來說明。

譬如，我們嘗試建立「人」這個物件，首先要先建立「人類」這個類別，人的屬性包括身高、體重、膚色、髮色…等許多靜態的屬性，可操作的方法可能包含笑、哭、走路、跑步等等功能，定義好「人類」類別之後，就可以開始產生物件實體，如下圖所示。

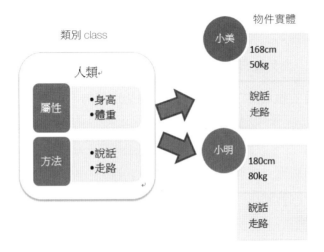

小美與小明各自能指定身高與體重等屬性資料，以及說話與走路的功能（方法）。

如果想要將人類這個類別細分為老師與學生，老師添加教書的功能；學生添加學習的功能，只要建立老師與學生子類別，繼承人類這個父類別，就能重複使用父類別共有的屬性與方法。

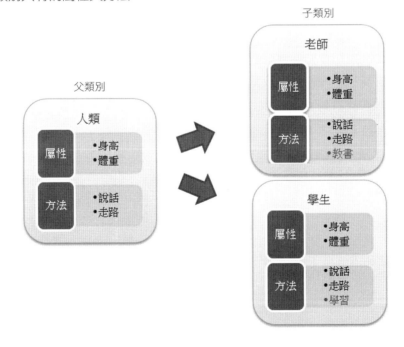

子類別可以各自建立物件實體。

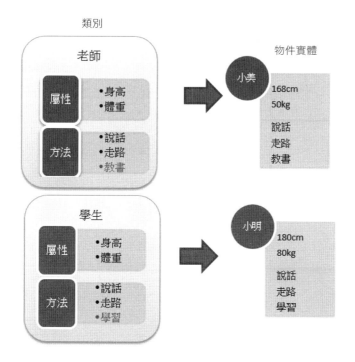

對物件導向有初步的概念之後,我們再回頭來看看 JavaScript 的物件導向。

JavaScript 雖然是物件導向語言,卻沒有真正的類別 (class),那麼它是如何實現物件導向呢?下一章就來介紹 JavaScript 物件導向的設計模式。

7-1-2 JavaScript 的物件導向

JavaScript 雖然是物件導向語言,不過它與其他物件導向程式 (例如 C++、Java) 有很大的差別。因為 JavaScript 沒有真正的類別 (class)!JavaScript 是以原型 (prototype-based) 為基礎的物件導向,用函數來當做類別 (Class) 的建構子 (Constructor),稱為建構子函數,用複製建構子函式的方式來模擬繼承。ES6 加入了 class 關鍵字來處理物件,但底層仍然是原型 (prototype),只是程式敘述看起來比較像一般認知的類別寫法。我們先來看 ES5 建立建構子函式及物件實體的例子:(class_ES5.htm)

```
function Person(name, age) {    // 建構子函式建立類別
  this.name = name;
  this.age = age;
}

Person.prototype.showInfo= function () {    // 定義 Person 共享的
showInfo 方法
  return '(' + this.name + ', ' + this.age + ')';
};

var girl = new Person('eileen', '18');    // 物件實體
console.log(girl)
```

您可以看到程式先建立了一個函式，執行結果：

上面程式建立了一個名為 Person 的建構子函式，利用 var girl = new Person() 來建立 Person 的物件實體，在 JavaScript 中，只要物件都有預設一個公開的 prototype 屬性，prototype 就是所謂的「原型」，Person.prototype.showInfo 就會讓所有物件實體共用 showInfo 這個方法。

雖然 ECMAScript 6 提供使用 class 關鍵字來定義類別，程式看起來很接近一般認知的物件導向，不過仍然是以原型為基礎，只是以更簡潔的語法來建立物件。上面程式如果以 class 關鍵字來改寫，將如下所示，您可以執行範例的 ch02/class.htm 檔案，從 console 查看 girl 物件。

```
class Person{
  constructor(name, age) {
```

```
    this.name = name;
    this.age = age;
  }

  showInfo() {
    return '(' + this.name + ', ' + this.age + ')';
  }
}

var girl = new Person('eileen', '18');
console.log(girl)
```

執行結果：

瞭解了物件導向之後，就來學習如何使用 JavaScript 物件。

7-2　JavaScript 三大物件

JavaScript 物件大致可分為三種：原生物件 (Native)、宿主物件 (Host)、使用者自訂物件，大部分的物件在前面章節都已經使用過，現在就更深入來瞭解這些物件。

7-2-1 JavaScript 的物件

JavaScript 物件大致可分為三種：原生物件 (Native)、宿主物件 (Host)、使用者自訂物件：

◆ 原生物件 (Native)：

原生物件是指 ECMAScript 規範定義的內建物件，像是函式 (function)、陣列 (Array)、日期 (Date)、數學 (Math) 與正規運算 (RegExp) 等等。

◆ 宿主物件 (Host)：

JavaScript 引擎支援的宿主物件，例如瀏覽器與 Node.js，各自有專屬的物件，透過 JS 就可以來操作這些物件。

瀏覽器有 HTML DOM 物件，JavaScript 引擎就可以透過 API 來使用操作這些物件，改變 DOM 的結構。

Node.js 提供操作磁碟 I/O 或建立 Web 伺服器的物件，JS 引擎就可以透過它們來架設伺服器與開發後端應用程式，因為它沒有 HTML DOM 物件所以不能使用操作 DOM 物件的語法。

◆ 使用者自訂物件：

如果某項程式功能經常會用到，而且可以在不同地方使用，就可以考慮將它寫成物件，物件私有屬性與方法可以讓程式碼使用在不同的地方，不會互相汙染干擾，達到共用程式碼的目的。下一小節將介紹如何自訂物件。

7-2-2 使用者自訂物件

物件實際上是一群名稱與值的組合 (name-value pair)，物件的外貌、特徵可以利用屬性 (attribute) 來描述，利用方法 (method) 能讓物件具有特定的動作。

舉例來說，我們想要製作一個名稱為 cat(貓) 的物件，並且給兩個屬性名稱：
Name、Age，以及一個 run 的方法：

```
var cat= function (catName,catAge){
    this.Name = catName;          屬性 (Attribute)
      this.Age=catAge;
    this.run = function(){
        console.log(this.Name, " 跑走了 !");      方法 (Method)
    };
};
```

上述的 function 稱之為建構子函式 (constructor functions)，cat 是這個物件的名
稱，它就好像一個容器一樣，屬性與方法都被封裝在這一個容器裡面，this 關鍵
字在這裡代表目前這個物件，就這麼簡單，物件就建立完成了，相當於建好了
物件類別 (class)。

建立完成之後，只要用 new 關鍵字就能夠產生物件實體。例如實作一隻名為
kitty 的 5 歲貓，就可以如下表示：

```
var kitty=new cat("kitty",5);
```

 TIPS

「new」與「this」是物件很重要的兩個關鍵字，「new」的作用是產生一個新
的物件，當 JS 引擎遇到 new 時，會建立一個空物件 {}，接著呼叫 new 後面
的函式，建構起函式的執行環境，this 關鍵字才會去指向剛被 new 出來的物
件，如此一來函式就不需要管是誰呼叫它，對於程式撰寫的方便性或是可讀
性來說都相當方便。

kitty 物件實作完成了，我們就可以使用點 (.) 來呼叫物件的屬性 (attribute) 與方法
(method)，由於方法 (method) 是函式，所以要加上括號來呼叫，如下所示：

```
console.log(kitty.Name+" 是一隻 "+kitty.Age+" 歲的貓 ");  // 呼叫屬性
kitty.run();    // 呼叫方法
```

結果會得到：

```
kitty 是一隻 5 歲的貓
kitty 跑走了！
```

上述方式只是 JavaScript 建立物件的方法之一，是先建立建構子函式 (constructor functions)，然後使用這個函式以及 new 關鍵字來實作物件。

JavaScript 建立物件還有幾種方式，為您介紹如下：

◆ 使用 new 關鍵字建立空物件，語法如下：

```
var obj=new Object();
```

請注意 Object 的 O 必須大寫，空物件建立完成之後，同樣可以存取屬性及方法。底下同樣以 cat 為例，加入 name 屬性及 run 方法，寫法如下：

```
Var cat=new Object();
cat.name = "kitty";
cat.run= function() {
     return " 它跑走了 !' ;
};
```

Run 方法的匿名函式中使用了 return 這個關鍵字，用途是回傳值給呼叫者。

物件的屬性也可以用括號來存取，例如：

```
cat["name"] = "kitty";
var name = cat["name"];
```

◆ 使用大括號 {} 建立空物件，這方法比 new Object() 更簡潔，直接使用字面描述來建立物件，因此這種建立物件的方式也稱為「物件實字 (Object literal)」，是目前最普遍的物件寫法，像是輕量資料格式 JSON 的物件就是採用物件實字的描述方式。語法如下：

```
var obj = {};
```

也可以直接指定屬性，例如：

```
var cat = {
    name: "kitty",
    details: {
        color: " 橘 ",
        age: 5
    }
}
```

上述語法使用了兩個屬性來建立 cat 物件。其中 details 屬性本身也是另一個物件，並有自己的屬性 color 及 age。

7-2-3「this」關鍵字

「this」關鍵字是一個指向變數，this 到底指向誰，必須視執行時的上下文環境 (Context) 而定。

如果使用建構子函式 new 一個新物件，此時的 this 會指向物件實體所建構的環境。

當在函式內使用 this，這個 this 會指向全域物件 (global Object)，宿主環境是瀏覽器就會指向 winodw 物件，如果是 Node.js 就會指向 global。

我們以函式來舉例說明，請您看看底下程式敘述：(this.htm)

```
var a = 15;
function myFunc(a){
    var x= a;
    var y = this.a;
    console.log(x, y)
}
myFunc(100);
```

您覺得 x 與 y 會輸出多少呢？this 關鍵字在 myFunc 函式裡面，看起來應該是指向 myfunc，直覺就會認為 x 與 y 都是 100。

事實上 x=100，y=15

這是因為函式裡的 this 指向 window 物件，因此 this.a 會是全域裡的變數 a。

想要確認 this 指向何處，只要將 this 輸出看看就知道了，請參考下式。(checkThis. htm)

```
<script>
(function myFunc(){
   console.log(this)
})();

var cat= function (){
   console.log(this)
};
var newCat= new cat()
</script>
```

執行結果如下，您可以清楚看出 this 指向何處。

```
▶ Window {postMessage: f, blur: f, focus: f, close: f, parent: Window, …}
▶ cat {}
>
```

7-3　原型鏈(prototype chain)與擴充(extends)

JavaScript 的原型鏈與上一章提到的作用域鏈是類似的概念，而擴充 (extends) 是實作子類別繼承的一種方法，這一小節我們就來介紹這兩個觀念。

7-3-1 原型鏈 (prototype chain)

前面提到 JavaScript 是以原型 (prototype-based) 為基礎的物件導向，物件都預設有一個 prototype 屬性，透過底下程式來瞭解：(底下程式)

```
function person(username) {
    this.username = username;
    this.run = function () {
            console.log(this.username, " 正在跑馬拉松 !");
    };
}
var myfriend1= new person("jennifer");
var myfriend2= new person("Brian");
```

上面程式使用建構子函式定義物件，並實作了兩個 person 物件實體，如果我們執行 console.log(myfriend1) 輸出，會看到 person 物件包含瀏覽器實作的「__proto__」屬性。

```
▼ person {username: "jennifer", run: f} ℹ
  ▶ run: f ()
    username: "jennifer"
  ▶ __proto__: Object
>
```

上述程式裡的 run 這個方法每一個物件實體都做一樣的事情，沒有必要每建立物件實體就產生一次，我們可以將 run 這個方法加在 prototype，讓所有 person 產生的物件實體都可以共享這個方法。(prototype02.htm)

```
function person(username) {
    this.username = username;
}

person.prototype.run = function () {
    console.log(this.username, " 正在跑馬拉松 !");
};

var myfriend1= new person("jennifer");
var myfriend2= new person("Brian");
myfriend1.run()
myfriend2.run()
```

執行結果：

```
jennifer 正在跑馬拉松!
Brian 正在跑馬拉松!
>
```

myfriend1 這個物件實體並沒有 run() 方法，myfriend1.__proto__ 屬性會指向 person.prototype，因此 JavaScript 就知道要往 person.prototype 找，您可以利用 console.log 輸出 myfriend1.__proto__ 與 person.prototype 比較，就會發現兩者是相同的。

```
console.log(myfriend1.__proto__ === person.prototype)
```

這種原型連結的關係就稱為「原型鏈 (prototype chain)」，null 是原型鏈的最後一個鏈結，以這個範例來看，原型鏈如下：

myfriend1 → person.prototype → null

7-3-2 擴充 (extends)

擴充也是一種繼承的概念，只不過擴充 (extends) 除了繼承之外，還有衍生新類別的意思，原類別稱為「父類別」，擴充出來的類別稱為「子類別」。JavaScript 同樣是以 prototype 來達成擴充 (extends)。

一起來看底下範例：extends.htm

```
<meta charset="UTF-8" />
<script>
//person 物件
function person(username) {
    this.username = username;
}

person.prototype.run = function () {
    console.log(this.username, "喜歡跑馬拉松!");
};
```

```
//student 物件
function student(username, classname) {
  person.call(this,username);  // call person 建構子函式
  this.b = classname;
}
// 擴充 (extends) 父類別
student.prototype = Object.create(person.prototype);

// 子類別自己加 study 方法
student.prototype.study = function () {
    console.log(this.b+" 的 "+this.username+" 正在用功念書 !");
};

var myPerson = new person("jennifer");  //person 物件實體
var myStudent = new student("Brian", "三年一班");    //student 物件實
體
myPerson.run();   //person 的 run()
myStudent.run();  //person 擴充來的 run()
myStudent.study();  //student 自己的 study()
</script>
```

執行結果：

```
jennifer 喜歡跑馬拉松!
Brian 喜歡跑馬拉松!
三年一班的Brian正在用功念書!
>
```

範例中 student 是繼承自 person 的物件，b 與 study() 則是 student 自己的屬性與方法。因此 student 的物件實體 myStudent 不僅可以使用父物件的 run() 的方法也有自己的 study() 方法。

student 繼承 person 主要使用兩個方法，一個是 call() 方法，一個是 Object. create() 方法。我們來看看這兩個方法如何使用。

call() 語法如下：

```
otherObj.call(thisObj[, arg1, arg2, …]);
```

call 方法裡有兩個參數：

thisObj：

借用另一個物件到目前物件來執行，this 會參照到目前的物件。

arg1, arg2, ... ：

其他參數

舉一個具體的例子：(call.htm)

```
function calA()
{
     this.x = 100;
     this.y = 50;
     this.add = function(){
           console.log( this.x + this.y );
     }
}
function calB() {
     this.x = 10;
     this.y = 30;
}
var ca = new calA();
var cb = new calB();

ca.add.call(cb);    //40
```

上面 cb 物件並沒有 add 方法可是 ca 物件有，我們就可以利用 call() 方法借用 ca.add 方法到 cb 物件來執行，得到 40。

還有另外一個 apply() 方法與 call() 很像,差別在於 call() 方法可以接受一連串的
參數;apply() 方法的第二個參數必須是單一的類陣列,例如:

```
func.apply(this, ['a', 'b']);
func.apply(this, new Array('a', 'b'))
```

接下來,再來看看 Object.create() 方法。

Object.create() 是指定原型物件,建立一個新的物件,也可以再替新物件添加屬
性,語法如下:

```
var newObj = Object.create(prototypeObj[,propertiesObject])
```

Object.create 有兩個參數:

◆ prototypeObj:指定的原型物件

◆ propertiesObject:加入其他屬性,可省略,如果要加入屬性,必須是物件,
例如加入一個 age 屬性,屬性值為 18:

```
{age: { value: 18}}
```

請看底下範例:

範例:objectCreate.htm

```
<meta charset="UTF-8" />
<script>
var person = {
  name: '',
  showName: function () {
    return this.name;
  }
}

var student = Object.create(person,{
    age: { value: 18}
```

```
});

student.name="andy";
console.log(student.showName());  //andy
console.log("age = ", student.age)  //age=18
</script>
```

執行結果：

```
andy
age =   18
>
```

從範例可以知道 Object.create() 是從原型物件產生一個新物件而已，您可能會有疑問，為什麼不能直接用等號 (=) 將 person 指定給 student 物件就好。

因為物件使用等號 (=) 只是做引用參考 (object reference)，稱為淺複製 (shallow copy)，實際上它們是指向同一記憶體位置，舉個簡單的例子來說明：(shallowCopy.htm)

```
<meta charset="UTF-8" />
<script>
var person = { name: 'andy' };
console.log("person", person.name);  //andy

var student=person;  //shallow copy
student.name="brian";
console.log("student", student.name);  //brian
console.log("person", person.name);  //brian
</script>
```

執行之後您會發現 student 的 name 改了，person 名字也被改變了。我們把兩者比較一下：

```
console.log(student===person);
```

執行結果是 true。

Object.create() 是產生一個新物件，再複製原物件的屬性與方法，您也可以將上面敘述改寫如下，student 就會是新物件，再將 person.name 的值指定給 stuent 的 name，也可以達到同樣的效果。

```
<meta charset="UTF-8" />
<script>
var person = {  name: 'andy' }
console.log("person", person.name)  //andy

var student = { name: person.name };   //deep copy
student.name="brian";
console.log("student", student.name)  //brian
console.log("person", person.name)  //andy

console.log(student===person);  //false
</script>
```

執行結果：

```
person andy
student brian
person andy
false
>
```

7-3-3 ES6 的擴充 (extends)

ES6 的 extends 寫法比起前一節原型鏈的寫法要簡潔許多也更直覺。寫法如下：

```
class person{    // 父類別
    constructor(name) {
       ….
    }
}
```

```
class student extends person{      // 擴充子類別
     constructor(name) {
            super(name);
         .........

     }
}
```

子類別透過 super 關鍵字存取父類別的成員，請看底下範例：

範例：extends_ES6.htm

```
<meta charset="UTF-8" />
<script>
class person{
  constructor(name, age) {
    this.name = name;
    this.age = age;
  }

  showInfo() {
    return "姓名:" + this.name + ', 年齡：' + this.age + ' 歲 ';
  }
}


class student extends person{
     constructor(username,age,tel) {
            super(username,age);      // 對應父類別的 name,age
            this.tel=tel;
     }
     showInfo() {
            return super.showInfo() + ", 電話 :" + this.tel;
     }
}
var andy = new student("andy",20,"07-12345");
```

```
var john = new person("john",18);

console.log(andy.showInfo())
console.log(john.showInfo())
</script>
```

執行結果：

> 姓名:andy,年齡：20歲,電話:07-12345
> 姓名:john,年齡：18歲
>
> >

子類別必須在 constructor 裡使用 super 方法來呼叫父類別的建構子，相當於 person.call(this,⋯)。子類別可以再加上自己的屬性與方法。範例裡子類別覆寫 (overriding) 父類別的 showInfo() 的方法，並使用 super.showInfo() 使用父類別的方法再加以改寫。

ES6 的 class 寫法雖然好用，但必須在支援 ES6 規範的瀏覽器上才能執行，目前支援度最佳的是 google Chrome 和 Firefox，IE 完全不支援，偏偏 IE 瀏覽器使用者不少，這也是前端程式設計師經常遇到的瀏覽器兼容問題，在撰寫程式時就得多方衡量。

第8堂課
RegExp 物件

撰寫程式過程經常會遇到需
要進行資料的比對與搜尋，像
是 match()、replace()、search() 與
split() 等方法，都與資料比對相關，
我們可以搭配正則表達式來輔助比
對，RegExp 物件是 JavaScript 正規表達
式物件，這一堂課我們就來學習如何善用
RegExp 物件。

8-1　認識正則表達式

RegExp 物件是用來建立正則表達式物件，正則表達式 (Regular Expression) 並不是 JavaScript 專屬，大多數主流程式語言 (像是 Java、Python、php…) 都可以使用 Regular Expression 輔助資料的搜尋與比對，我們先來認識什麼是正則表達式。

8-1-1　正則表達式 (Regular Expression)

Regular Expression 是一套規則模式 (pattern)，中文譯名很多，通常稱為「正規表達式」，也有人稱為正則表示式、正規運算式、規則運算式、常規表示法、通用表示式，指的都是 Regular Expression。

Regular Expression 簡寫為 regex、regexp 或 RE，常見的有兩種語法，一種出自於 IEEE 制定的標準 (POSIX(IEEE 1003.2))，一種是出自 Perl 程式語言的 PCRE，大部分的程式語言都支援 PCRE，JavaScript 的 RegExp 物件語法也與 PCRE 語法相似。

RegExp 物件經常會與字串物件的 match()、replace()、search() 與 split() 方法搭配運用。像是網站經常會需要比對使用者的身分證字號、電話號碼或 E-mail 格式是否正確，就可以使用正規表達式來驗證格式是否正確。例如想要比對電話號碼是不是正確，就可以利用底下敘述：

```
var reg = /^[0-9]{10}$/g;
var tel="0900123456"
var myArray = reg.test(tel);  //true
```

其中「/^[0-9]{10}$/g」就是正則表達式，搭配字串的 test() 方法比對 tel 字串是否符合正則表達式的規則，如果符合就傳回 true，否則就傳回 false。

我們假設電話號碼格式必須符合下列兩項：

1. 字串裡面必須全是 0~9 的數字

2. 字串長度必須是 10

寫程式至少要數行，使用正則表達式輕輕鬆鬆幾個簡單的數字符號就搞定了。

體會了正則表達式的功用之後，接下來，趕快來學習如何在 JavaScript 使用正規表達式。

8-1-2 建立正則表達式

我們可以透過兩種方法來建立正則表達式：

第一種方法是使用正規表達式實字 (regular expression literal)，將正規表達式放在兩個斜線 (/) 之間，如下所示：

```
var reg = / 正則表達式 /[, 旗標 ];
```

第二種方法是使用 RegExp 物件的建構子函式建立 RegExp 物件實體：

```
var reg = new RegExp ( 正則表達式 [, 旗標 ]);
```

旗標 (flag) 是設定比對的方式，可省略，有以下 6 種設定值：

旗標 (flag)	比對模式	說明
g	global 全域模式	找出所有比對的位置
i	ignore case 忽略模式	忽略大小寫
m	multiline 多行模式	只有在搜尋目標有 \n 或 \r 換行符號，而且正則表達式含有 ^ 或 $ 指定開始位置與結尾位置才有用
y	sticky 粘滯模式	只會在 lastIndex 屬性指定的位置搜尋
u	unicode 模式	處理 unicode 碼搜尋，例如 /^\uD83D/.test('\uD83D\uDC2A')
s	dotAll 模式	點號 (.) 可比對任何字元，包括換行符號

flag 旗標也可以合併使用，像是 gi 表示全域比對並忽略大小寫。

最單純的正則表達式是字串字面比對，例如：/you/ 表示比對 you 這三個字母，只要目標字串有 you 出現，順序也正確就會比對成功。例如：(RegExp01.htm)

```
<meta charset="UTF-8" />
<script>
var reg = /you/;
var target = "just do you best you can!"
console.log(target.search(reg));
</script>
```

執行之後會輸出 8 表示有找到相符的字串。search() 方法如果有符合會傳回第一個相符的索引 (index)，找不到會傳回 -1。

上面的正則表達式也可以使用 RegExp 物件，下面兩種寫法都可以：

```
var reg = new RegExp('you');
var reg = new RegExp(/you/);
```

除了 search() 方法之外，還有其他方法可以搭配正則表達式使用：

◆ RegExp 物件方法：

方法	說明	語法格式
exec	搜尋比對，符合傳回 Array；不符合傳回 null	regexObj.exec(str)
test	搜尋比對，符合傳回 true；不符合傳回 false	regexObj.test(str)

◆ 字串物件方法：

match	搜尋比對，如果符合的狀況正則表達式包含 g 符號，則傳回所有相符的字串；不包含 g 則傳回 Array。 無符合傳回 null	str.match(regexp)
search	搜尋比對，符合傳回第一個相符的索引 (index)，不符合傳回 -1	str.search(regexp)

| replace | 取代字串，如果符合傳回一個新字串，不影響原字串 | str.replace(regexp, newstr) |
| split | 分割字串，如果符合傳回分割後的 Array，不影響原字串 | str.split(regexp); |

8-1-3 正規表達式模式 (pattern)

正規表示式都是由數字、字母以及特殊字元排列組合而成。基礎的正規表示式特殊符號整理如下表：

符號	說明	範例
.(點號)	表示任一字元 (不包含換行符號)	.T. 代表三個字元，中間是 T，左右是任一字元
*(星號)	重複零個或多個的前一個字元	/QO*/ 找出含有 (QO) (QOO) 等字串
[ ]	表示單一字元的範圍 [...] 方括弧內的字元都要 [^...] 方括弧內的字元都不要 [a-z] 要 a-z 的字元	/[Ee]ileen/ 搜尋含有 Eileen 或 eileen 的那一行 /[^A-Z]/ 搜尋非大寫字母的 /[1-9]/ 搜尋 1~9 任意數字
^	以…開始。如果 ^ 在中括號 [] 裡面表示否定，請參考上一行。	/^x/ 以 x 開頭的字串
$	以…結束	/[0-9]$/
\	跳脫字元，將特殊符號的特殊意義去除	/\.H[a-z]/
\{n,m\}	表示前一個字元出現的次數介於 n 到 m 之間	[a-z]\{3,5\} 表示 3 個到 5 個小寫字母

基礎型的正規表示法大致上已經夠用，不過延伸的正規表示法更能簡化整個指令敘述，底下將延伸的正規表示式特殊符號整理如下表：

特殊符號	說明	範例
+	一次或以上	/go+d/ 搜尋 (god) (good) (goood)... 字串
?	一次或以上	/colou?r/ 搜尋 (color)(colour) 字串
|	用或 (or) 的方式找出字串	compan(y|ies) 搜尋 company 或 companies 字串
()	表示集合	s(cc)d' 開頭是 s 結尾是 d ，中間有一個以上的 "cc" 字串
{n}	出現 n 次	/a{2}/ 搜尋 a 出現 2 次
{n,}	n 次或以上	/a{2,}/ 搜尋 a 出現 2 次以上
{n,m}	n 到 m 次	/a{1,3}/ 搜尋 a 出現 1~3 次
\b	符合單字邊界	you\b 可以符合 you 不能符合 your
\B	符合非單字邊界	you\B 可以符合 your 不能符合 you
\d	符合數字	\d 只要有 0~9 都符合
\D	符合非數字	\D 只要非 0~9 都符合
\s	符合空白符	\s 空格、換行符號、定位符號、換頁符號都符合
\S	符合非空白符	\S 非空格、換行符號、定位符號、換頁符號都符合
\t	符合定位符號 (tab 鍵)	\t 只要有定位符號就符合
\w	包含數字字母與底線	\w 相當於 [A-Za-z0-9_]
\W	不包含數字字母與底線	\W 相當於 [^A-Za-z0-9_]

接下來，我們舉幾種模式的實例來操作看看。

◆ 字串比對：

字元與字串比對是經常遇到的模式，請看底下範例操作。

範例：RegPattern01.htm

```
<meta charset="UTF-8" />
<script>
var target = "good morning"

var reg1 = /good/;      // 比對 good 字串
var reg2 = /./;         // 比對任一字元 ( 預設只會傳回一個字元 )
var reg3 = /./g;        //g 為全域模式，會傳回所有字元
var reg4 = /i./;        // 比對 i 加任一字元，會傳回 in

console.log(target.match(reg1));
console.log(target.match(reg2));
console.log(target.match(reg3));
console.log(target.match(reg4));

</script>
```

執行結果：

```
▶ ["good", index: 0, input: "good morning", groups: undefined]
▶ ["g", index: 0, input: "good morning", groups: undefined]
▶ (12) ["g", "o", "o", "d", " ", "m", "o", "r", "n", "i", "n", "g"]
▶ ["in", index: 9, input: "good morning", groups: undefined]
>
```

正則表達式後面加上 g 旗標是表示全域搜尋，點 (.) 為傳回任一字元，所以 reg3 會將全部字元傳回。

範例：RegPattern02.htm

```
<meta charset="UTF-8" />
<script>
var target = "18, 2150, 310, Sunday, Monday, Tuesday"

var reg1 = /[f-m]/gi;        // 比對 f、g、h、i、j、k、l、m 字母
var reg2 = /Sunday,+/g;      // 比對 Sunday 後面有一個以上的逗號 (,)
var reg3=/\d{3,4}/g;         // 比對有 3~4 位數字

console.log(target.match(reg1));
console.log(target.match(reg2));
console.log(target.match(reg3));

</script>
```

執行結果：

```
▶ ["M"]
▶ ["Sunday,"]
▶ (2) ["2150", "310"]
>
```

範例中的 reg1 使用了 g 跟 i 旗標，表示找出所有符合條件的字母並且不分大小寫。reg3 裡的 \d{3,4} 是指字串裡有連續 3~4 位的數字，並不是限制數字只能有 3~4 位數，例如 12345 這個數字的前 4 位數 (1234) 也符合這個規則。

◆ 比對字串開頭與結束：

範例：RegPattern03.htm

```
<meta charset="UTF-8" />
<script>
var target = "18, 2150, 310\n Sunday, Monday, Tuesday"

var reg1 = /^18/gi;          // 開頭符合 18
```

```
var reg2 = /day$/g;        // 結尾符合 day
var reg3= /310$/;          // 結尾符合 310
var reg4= /310$/m;         // 結尾符合 310 ( 多行模式 )

console.log(target.match(reg1));
console.log(target.match(reg2));
console.log(target.match(reg3));
console.log(target.match(reg4));

</script>
```

執行結果：

```
▶ ["18"]
▶ ["day"]
▶ ["Tuesday"]
null
▶ ["310", index: 10, input:
>
```

reg3 跟 reg4 的正則表達式模式相同，差別在於 reg4 採用多行模式，範例 target
字串裡的 \n 是換行符，對 reg3 來說 target 是一行的字串，而 reg4 會視為多行，
因此 reg4 可以在第一行的結尾找到 310，而 reg3 找不到傳回 null。

8-2 使用 RegExp 物件

RegExp 物件具有屬性與方法，RegExp 物件的方法有前面提到的 exec() 及
test()，這一節我們就來介紹 RegExp 物件的屬性。

8-2-1 RegExp 物件屬性

物件屬性如下表：

屬性	說明
flags	輸出 RegExp 物件使用的旗標
dotAll	RegExp 物件是否具有 s 旗標 (flag)
global	RegExp 物件是否具有 g 旗標 (flag)
ignoreCase	RegExp 物件是否具有 i 旗標 (flag)
lastIndex	標示下一次開始比對的位置
multiline	RegExp 物件是否具有 m 旗標 (flag)
source	傳回正則表達式 pattern，不包含兩側的斜線及旗標
sticky	RegExp 物件是否具有 y 旗標 (flag)
unicode	RegExp 物件是否具有 u 旗標 (flag)

底下範例說明使用方式。

範例：RegPattern04.htm

```
<meta charset="UTF-8" />
<script>
console.group();
    var target = "Life was like a box of chocolates.\n You never
know what you're gonna get.\r\n--Forrest Gump"
    reg = /\r\n|\n/g;
    var arr = target.split(reg);    // 以 \n 或 \r\n 切割字串
    arr.forEach(function(value, key) {
      console.log(key, value);    // 輸出切割後的字串
    })
    console.log(reg.source)    //source 屬性
    console.log(reg.flags)     //flags 屬性
console.groupEnd();

//lastIndex 屬性
console.group();
    var reg=/you/ig;
```

```
    var m1;
    while ((m1 = reg.exec(target)) !== null) {
          console.log(" 找到 ", m1[0], " 下一次搜尋開始位置 ", reg.
lastIndex);
      }
console.groupEnd();
</script>
```

執行結果：

```
▼ console.group
    0 "Life was like a box of chocolates."
    1 " You never know what you're gonna get."
    2 "--Forrest Gump"
    \r\n|\n
    g
▼ console.group
    找到 You 下一次搜尋開始位置 39
    找到 you 下一次搜尋開始位置 59
>
```

範例中以「\r\n」或「\n」切割字串，「\r\n」或是「\n」都是換行的意思，「\r」是確認符號（回到行首），「\n」是換行符號（下移一行），JavaScript 字串換行是使用 \n，不過有一些程式換行只能識別「\r\n」，例如記事本。

第二個 console.group 裡使用 lastIndex() 來顯示下一次搜尋的起始位置，也就是當次搜尋結束的索引所在位置。

旗標 y(sticky 模式) 只會從 lastIndex() 指定的索引位置開始搜尋，我們來看下一個範例。

範例：**RegPattern05.htm**

```
<meta charset="UTF-8" />
<script>
var target = "You never know"
//index ---> "01234......"
```

```
reg = /never/;
reg_y = /never/y;      //flag=y

console.group(" 沒有加 flag");
console.log( target.match(reg) );
console.groupEnd();

console.group("flag=y");
reg_y.lastIndex = 2;
console.log( target.match(reg_y) );
reg_y.lastIndex = 4;
console.log( target.match(reg_y) );
console.groupEnd();
</script>
```

執行結果：

```
▼ 沒有加flag
  ▶ ["never", index: 4, input: "You never know", groups: undefined]
▼ flag=y
    null
  ▶ ["never", index: 4, input: "You never know", groups: undefined]
>
```

當 flag 設成 y，表示使用 sticky(粘滯模式)，搜尋的字元必須在 lastIndex 屬性指定的位置，範例中 never 是在索引 4 的位置，所以 lastIndex=2 找不到回傳 null，lastIndex=4 就可以找到 never 字串。

8-2-2 字串擷取與分析

網路爬蟲 (web crawler) 技術可以到網路抓取許多的資料，抓下來的資料很多，要從裡面抓出一些有用的資料，就得做一些資料分析與擷取處理，面對大量的資料，正則表達式就非常好用。

通常資料處理經常會遇到幾個需求，底下列出 4 種，稍後我們將針對這 4 種模式來實作：

1. 單字分割

2. 單字取代

3. 查詢某字的出現次數

4. 抓出不重複的單字及出現的次數

JavaScript 執行取代字串可以使用 replace() 方法，例如：

```
var target = "beginning";
var result = target.replace("n", "x");
console.log(result)
```

執行結果是 begixning，您可以發現，明明單字裡有 3 個 n，卻只取代了第一個。

如果想要取代全部的 n，可以搭配正則表達式來達成，以下兩種寫法都可以：

```
var result = target.replace(/n/g, "x");
var result = target.replace(new RegExp(/n/,'g'), "x");
```

執行之後就會得到我們想要的結果：begixxixg。

底下我們就來實作字串擷取與分析。

範例：**RegPattern06.htm**

```
<meta charset="UTF-8" />
<script>

var target = "There's a hero.If you look inside your heart.You
don't have to be afraid of what you are.There's an answer If you
reach into your soul And the sorrow that you know will melt away."

//you 出現幾次
console.group(" 查詢某字出現次數 ")
reg = /you\b/gi;
var result=target.match(reg);
```

```javascript
console.log( result );
console.log("you 出現 ", result.length ," 次 ");
console.groupEnd(" 查詢某字出現次數 ")

// 用 he 取代 you
console.group(" 用 he 取代 you")
reg = /you\b/gi;
var result=target.replace(reg,"he");
console.log( result );
console.groupEnd(" 用 he 取代 you")

// 找出不重覆的單字
console.group(" 找出不重覆的單字 ")
var new_str=target.split(/\s|\./g);
new_str.pop();    // 刪除最後一個元素
console.log(" 全部有 ",new_str.length," 個字 ");

var result = new Set(new_str);
console.log(result);
console.log(" 不重覆的字有 ",result.size," 個 ");
console.groupEnd(" 找出不重覆的單字 ")

// 找出不重覆的單字及出現次數
console.group(" 找出不重覆的單字及出現次數 ")
var counter = {};
new_str.forEach(function(x) {
    counter[x] = (counter[x] || 0) + 1;
});
console.log(counter);
console.groupEnd(" 找出不重覆的單字及出現次數 ")
</script>
```

執行結果：

```
▼ 查詢某字出現次數
  ▶ (5) ["you", "You", "you", "you", "you"]
  you 出現 5 次
▼ 用he取代you
  There's a hero.If he look inside your heart.he don't have to be afraid of what he
  are.There's an answer If he reach into your soul And the sorrow that he know will melt away.
▼ 找出不重覆的單字
  全部有 37 個字
  ▶ Set(31) {"There's", "a", "hero", "If", "you", …}
  不重覆的字有 31 個
▼ 找出不重覆的單字及出現次數
  ▶ {There's: 2, a: 1, hero: 1, If: 2, you: 4, …}
>
```

範例中的 target 字串內容是取自 Mariah Carey 的 Hero 這首歌的歌詞第一段，第一個實作查詢 you 這個單字出現的次數，使用的正則表達式是「/you\b/gi」，字串裡有 you 也有 your，所以我們加上 \b 來指定符合的邊界，如此一來就不會取到 your 這個字。

第二個實作是使用 he 取代 you，前面已經說明過 replace()，這裡就不再贅述。

第三個實作找出不重覆的單字，這裡包含兩個動作，先將單字分割，再找出不重複的字。split() 方法可以分割字串，首先要先找出用什麼符號來進行分割，第一個當然是用字串裡的空白符號來當分割符，不過句子的結尾與下一句之間並沒有空白符，像是「hero.If」，hero 跟 if 是兩個單字，所以也要把點 (.) 號加進去當作分割符號，如此一來，正則表達式的模式就找出來了，範例中使用的是「/\s|\./g」，其中 \s 是符合空白符號，由於點 (.) 號是正則表達式的特殊符號之一，所以必須在前面加上跳脫字元 (\) 表示這個點 (.) 是要當做搜尋目標。整句正則表達式的意思就是「全域比對找出空白符號或點 (.) 符號」。

反斜線 (\) 稱為跳脫字元 (Escaped character) 或脫逸字元，如果字元本身已經被 JavaScript 用來作為語法的一部分，我們就不可以直接使用它，必須在前方加上一個跳脫字元，讓 JS 引擎知道您是要使用這個字元。例如下式的雙引號已經被用來包圍字串，雙引號裡面就不可以再使用雙引號：

var single = """;

這時候可以將包圍字串的符號改成單引號：

var single = '"';

或者，加上跳脫字元：

var single = "\"";

split() 加上這個正則表達式就可以將字串分割為 Array：

```
var new_str=target.split(/\s|\./g);
```

分割結果如下：

```
["There's", "a", "hero", "If", "you", "look", "inside", "your",
"heart", "You", "don't", "have", "to", "be", "afraid", "of",
"what", "you", "are", "There's", "an", "answer", "If", "you",
"reach", "into", "your", "soul", "And", "the", "sorrow", "that",
"you", "know", "will", "melt", "away", ""]
```

由於點號也是分割符號，因此 Array 最後有一個空白元素，只要使用 pop() 方法就可以刪除這個空白元素。

接著，要讓 Array 不重覆，我們可以利用之前章節學過的 set 物件，還記得 set 物件的特性嗎?set 物件只儲存不重複的值。利用這個特性只要將 Array 轉換為 set 物件就完成了。

第 4 個實作是要找出不重覆的單字及出現次數，這裡我們使用 foreach 迴圈一一
比對 new_str，利用 counter 物件來儲存比對的結果：

x: 逐一取出的單字

```
new_str.forEach(function(x) {
    counter[x] = (counter[x] || 0) + 1;
});
```

其中 (counter[x] || 0) 相當於下式：

```
if (counter[x] !== undefined && counter[x] !== null) {
    this.counter[x] = counter[x];
}else {
    this.counter[x] = 0;
}
```

正則表達式就介紹到此，相信您已經體會它的威力，一開始接觸正則表達式可
能會覺得它有點困難，其實只要先將模式拆解出來，掌握它的語法，多多運用，
慢慢就能寫出合適的正則表達式。

8-2-3 常用正則表達式

正規表達式並沒有一定的標準答案，每個程式設計者設定的條件不同，找出來
的正則模式可能就會有差異，編寫的時候只有多方測試，才能寫出符合預期的
正則表達式，底下列出幾個常用的正則表達式，僅供您參考。

```
<meta charset="UTF-8" />
<script>
/* 檢查西元日期
西元年 4 個字元、月跟日 1~2 個字元 */
reg =/^\d{4}\/\d{1,2}\/\d{1,2}$/;
console.log(reg.test("2019/9/28"));  //true
console.log(reg.test("108/09/28"));   //false-- 必須 4 個字母

/* 密碼稽核
```

```
1. 長度為 6~10
2. 第一個字母必須為英文字
3. 之後英文字母、數字、減號與底線均可 */
reg = /^[a-zA-Z][\w-_]{5,10}$/;
console.log(reg.test("A12345789101"));  //false-- 超過 11 個字元
console.log(reg.test("12345678"));      //false--第一個字元必須是英文字
母
console.log(reg.test("B1234"));         //false-- 最少要 6 個字元
console.log(reg.test("B_1234"));        //true


// 只允許中文
比對 Unicode 編碼 */
reg = /^[\u4e00-\u9fff]{0,}$/;
console.log(reg.test("您好"));         //true
console.log(reg.test("您好abc"));     //false-- 只允許中文


/*E-mail 稽核
1. 允許大寫英文字母、小寫英文字母、0~9、減號與底線
2. 中間有一個 @
3.@ 後面允許小寫英文字母、0~9、減號與底線
4. 結尾有 2 個以上英文字母
*/
reg = /^[A-Za-z0-9_]+(\.[A-Za-z0-9-_]+)*@[a-z0-9]+(\.[a-z0-9-
_]+)*(\.[a-z]{2,})$/;
console.log(reg.test("Abc.lee@gmail.com"));       //true
console.log(reg.test("1ab_c@yahoo@com.tw"));   //false-- 只能有一個 @
console.log(reg.test("abc@yahoo.com.w"));        //false-- 結尾需有 2 個
以上的英文字母
</script>
```

範例中有一個正則表達式是檢測中文字，使用了 Unicode 編碼比對，Unicode 是一種字元編碼，稱為「萬國碼」，每個國家的語言都不同，採用的編碼也不同，電腦在處理不同的語系的時候就容易發生亂碼問題，為了統一各國的編碼，於是有了 Unicode 這種編碼方式，替每種語言的文字符號都設定了統一而且唯一的編碼，我們常使用的 UTF-8 也是 Unicode 編碼的一種。

在 Unicode 中是使用十六進制來表示文字符號的編號，表示方法為

U+「十六進制數值」

JavaScript 是以 \u「十六進制數值」，例如 \u0041 表示 A，Unicode 分配各國不同的編碼區段，編碼從 u0000 至 uFFFF，其中的「中日韓統一表意文字」(CJK Unified Ideographs)，收錄了繁體中文、簡體中文、日文及韓文漢字的編碼，編碼範圍從 u4E00-u9FFF，因此正則表達式模式中的 [\u4e00-\u9fff]，只要輸入的是漢字就可以比對得到。

.

第 **9** 堂課
非同步與事件循環 (Event loop)

程式通常會按照我們撰寫好
的順序依序執行，不過如果是
在函式裡面使用了 setTimeout 或
是 Ajax 呼叫的順序不一致，將會導
制執行結果跟我們想要的不同，還好
JavaScript 提供一些方法讓程式可以保
持非同步又能夠按照我們指定的順序依序
執行。

9-1 認識同步與非同步

同步可能會讓人有「同時處理」的錯覺，其實程式設計裡的同步模式是指一步接一步的意思，非同步才是同時處理的作法，底下就來說明同步與非同步的概念。

9-1-1 同步與非同步的概念

JavaScript 是單執行緒 (single threaded runtime)，程式碼由上到下、一行一行依序執行，當遇到函式呼叫，JS 引擎就會建構新的執行環境並放入堆疊 (stack) 裡，同樣一次只處理一件事情 (one thing at a time)，在堆疊頂端的執行環境會先處理 (LIFO，Last In First Out)，當函式執行好並返回 (return) 之後，執行環境就會被移除，例如底下程式先呼叫 funcA()，funcA() 裡面又呼叫 funcB()，JS 引擎執行完 funcB() 並將結果 return 就會將 funcB() 從 stack 裡移除 (pop off)，繼續執行 funcA()。

```
function funcB(a, b) {
  return a * b
}
function funcA(x) {
  let Bvalue = funcB(x, x)
  console.log(Bvalue)
}
funcA(10);
```

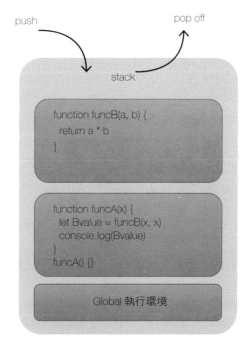

如果某一段 JS 程式需要很長的執行時間，瀏覽器就會停滯 (freezing) 呈現「假死」狀態，稱為阻塞 (blocking)，使用者就無法再進行任何操作，只能傻傻地等待處理完成，如果改用非同步呼叫就能減少阻塞狀況，降低使用者等待的時間，提升操作的流暢度。

同步與非同步很容易搞混兩者的意思，底下搭配圖片說明會更容易瞭解。

◆ 同步 (Synchronous，簡稱 Sync)：程式必須等待對方回應之後才能繼續往下執行，例如 A1 呼叫了 B1，必須等到 B1 回應才會繼續執行 A2。通常會使用同步表示 A 的程序與 B 息息相關。

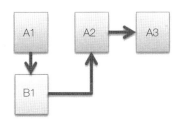

◆ 非同步 (Asynchronous，簡稱 async)：程式不必等待對方回應就繼續往下執行，例如 A1 呼叫了 B1，不需要管 B1 就可以繼續往下執行 A2。由此可知，會使用非同步表示 A 與 B 並沒有直接的關係。

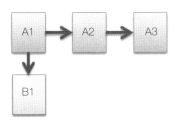

採用同步模式的設計方式會比較直覺而且簡單，缺點是必須等待各個工作完成，從下圖可以看出採用非同步可以省去等待的時間。

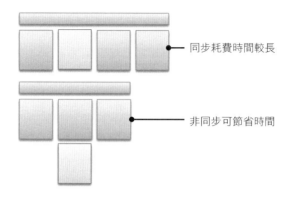

這兩種模式各自有適合的應用情境，例如「一邊」吃飯「一邊」看電視就是屬於非同步；而像下棋必須是等待對方完成才能走下一步，相當於同步模式。

9-1-2 定時器：setTimeout() 與 setInterval()

當我們希望程式能夠在指定的時間執行，通常會使用到瀏覽器的 Web API-setTimeout() 與 setInterval()，兩者的差別在於 setTimeout() 一個只會執行一次，setInterval() 會重複執行。

◆ setTimeout()

setTimeout() 在指定的延遲時間到時，會執行一個函式或程式碼，格式如下：

```
var timeoutID = scope.setTimeout(function[, delay, param1,
param2,…]);
```

scope 在瀏覽器通常是 window，可以省略不寫，setTimeout() 的返回值是定時器的編號，利用 clearTimeout(timeoutID) 敘述就可以取消這個定時器。

function：延遲時間到時要執行的函式 (回呼函式)

delay：延遲時間，單位：毫秒 (1 秒等於 1000 毫秒)，如果省略 delay 參數，delay 會為 0，表示立刻執行函式

param：附加參數，指定延遲時間到會將這些附加參數傳遞給 functon

底下範例在 1 秒之後會顯示現在的時間。

範例：setTimeout.htm

```
<meta charset="UTF-8" />
<script>
/*setTimeout() 方法 */
function startTime() {
  var today = new Date();     // 使用 Date 物件取得時、分、秒
  var h = today.getHours();
  var m = today.getMinutes();
  var s = today.getSeconds();
  m = checkTime(m);        // 分取兩位數，不足補 0
  s = checkTime(s);          // 秒取兩位數，不足補 0
  console.log(`現在時間：${h}:${m}:${s}`);
}

function checkTime(i) {
      return (i<10) ? "0" + i : i;
}
setTimeout(startTime, 1000);     //1 秒後執行 startTime() 函式
</script>
```

執行結果：

> 現在時間：**16:10:51** 您好,很高興見到您.
>
> ＞

startTime() 函式在這裡是一個回呼函式 (callback function)，回呼函式的意思是把函式當作另一個函式的參數，所以 startTime 不加括號，您不能寫成 setTimeout(startTime(), 1000)，這樣變成傳遞 startTime() 的傳回值，而不是傳遞函式本身。

setTimeout 也可以帶入參數，請看底下範例：

```
<meta charset="UTF-8" />
<script>
/*setTimeout() 方法 */
function startTime(str) {
  var today = new Date();    // 使用 Date 物件取得時、分、秒
  var h = today.getHours();
  var m = today.getMinutes();
  var s = today.getSeconds();
  m = checkTime(m);    // 分取兩位數，不足補 0
  s = checkTime(s);      // 秒取兩位數，不足補 0
  console.log(`現在時間：${h}:${m}:${s} ${str}`);

}

function checkTime(i) {
    return (i<10) ? "0" + i : i;
}
setTimeout(startTime, 1000, "您好","很高興見到您.");
</script>
```

執行結果：

> 現在時間：16:10:51 您好,很高興見到您.
>
> ❯

◆ setInterval()

setTimeout() 通常用於只執行一次的場合，setInterval() 會重複執行，格式如下：

```
var timeoutID = scope.setInterval(function[, Delay, param1,
param2, ...])
```

scope 在瀏覽器通常是 window，可以省略不寫，setInterval() 的返回值是定時器的編號，利用 clearInterval(timeoutID) 敘述就可以取消這個定時器。

function：延遲時間到時要執行的函式

delay：延遲時間，單位：毫秒 (1 秒等於 1000 毫秒)，如果省略 delay 參數，delay 會為 0，表示立刻執行函式

param：附加參數，指定延遲時間到會將這些附加參數傳遞給 functon

底下範例在 1 秒之後會顯示現在的時間。

範例：setInterval.htm

```
<meta charset="UTF-8" />
<script>
/*setTimeout() 方法 */
function startTime(now) {
     var today = new Date();
     var t = today.toLocaleTimeString();   // 取得現在時間

     console.log(` 現在時間：${t}`);

     if (parseInt((today - now) / 1000)>=5)
     {
            clearInterval(tID);
            console.log(" 停止計時 .")
     }
}
var tID = setInterval(startTime, 1000, new Date());   // 傳入現在的時
間當參數
</script>
```

執行結果：

```
現在時間：下午4:46:17
現在時間：下午4:46:18
現在時間：下午4:46:19
現在時間：下午4:46:20
現在時間：下午4:46:21
停止計時.
>
```

setInterval() 會不斷執行，要停止計時必須搭配 clearInterval() 來停止。

setTimeout() 與 setInterval() 是非同步的方法，前面提過 JavaScript 是單執行緒，照理說只能一次執行一項工作，為什麼又能夠非同步呢？

JavaScript 實現非同步的方式稱為「事件循環 (event loop)」，屬於併發控制架構 (concurrency model)，邏輯上是在重疊的時間進行，看起來很像非同步，實際上仍然是一次執行一個任務，下一小節我們就來介紹事件循環。

9-1-3 事件循環 (event loop)

我們先來看看底下這段程式碼，請您想想看輸出結果為何：(eventLoop.htm)

```
<meta charset="UTF-8" />
<script>
function play1(){
    setTimeout(function () {
      console.log('play1 執行了 ')
    }, 8000)
}
function play2(){
    setTimeout(function () {
      console.log('play2 執行了 ')
    }, 5000)
}
console.log(" 程式開始 ");
play1();
play2();
console.log(" 程式結束 ");
</script>
```

程式裡呼叫了 play1 再呼叫 play2，JavaScript 是單執行緒所以認知上會覺得輸出結果應該是「程式開始→ 8 秒之後顯示 "play1 執行了 " → 5 秒後顯示 "play2 執行了 "→程式結束」。可是，執行結果卻差了十萬八千里，完全不是我們想的那樣。

請您執行範例 ch09 的 eventLoop.htm 試試，執行結果如下：

> 程式開始
> 程式結束
> play2執行了
> play1執行了

藉由下圖，概略了解一下 setTimeout() 的作業模式。

如 同 前 面 所 説，函 式 執 行 環 境 會 被 放 入 堆 疊 (stack)(圖 1 處)，當 執 行 到 setTimeout() 時，由於 setTimeout() 並不是 JavaScrpt 的功能，而是瀏覽器的 Web API，所以 JS 會將程式交給瀏覽器處理 (圖 2 處)，stack 裡的 setTimeout 就被移除 (這時候 setTimeout() 裡的函式並未執行，只是交給 web API)。Web API 等到 timeout 設定的延遲時間一到就會通知 JS，JS 並不會直接將函式再放入堆疊 ()，而是先放入佇列 (Queue) 等候通知 (圖 3 處)，這時候「事件循環 (event loop)」機制就會在堆疊與佇列之間不斷輪詢，檢查堆疊的工作是不是都完成了，當堆疊為空時，就會將佇列第一個排隊的工作放入堆疊執行 (圖 4 處)。佇列與堆疊不同，佇列是先進先出 (FIFO, First In First Out)。

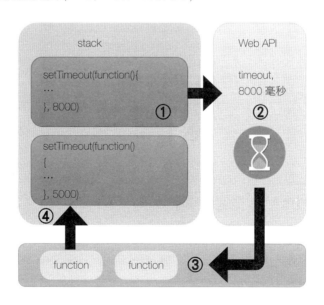

覺得有點複雜？您可以把堆疊想像成一間生意興隆的餐廳，函式就好像拿著號碼牌在候位區等待的顧客，事件循環 (event loop) 是位非常稱職的門口領台人員，反覆與餐廳內部員工確認是不是還有坐位，一旦有坐位時，先來的客人就可以先進入，如果沒有事件循環機制，您可以想像會有多麼混亂。

像 setTimeout 這類非同步的作業，可以透過一些方法來讓程式同步執行，確保執行結果能夠正確無誤，下一小節我們就來介紹這些方法。

學習小教室

API 是應用程式介面 (Application Programming Interface) 的簡稱，隨著資訊科技的發展，軟體規模日益擴大，經常會需要與其他系統或網站進行資料拋轉或資源共享，譬如今天要與 A 網站交換資料，A 網站必須提供如何呼叫程式的介面 (也稱為接口)，我們才知道如何去呼叫使用它，這個介面就稱為 API。

透過 API 可以協助我們處理很多的工作，例如 WEB APIs 提供很多很棒的 API，協助我們撰寫網頁程式，像是 HTML DOM 操作的 API、從 server 取得資料的 API 以及客戶端資料儲存的 API 等等，下一章將進入網頁製作的範疇，您將會使用到這些 APIs。

9-2　非同步流程控制

JavaScrpt 處理非同步呼叫有三種方式，callback 回呼函式、Promise 物件以及 async/await 物件，底下就來介紹這三種方法。

9-2-1　callback 非同步回呼

回呼函式 Callback 常用來延續非同步完成後的程式執行，稱為非同步回呼 (asynchronous callbacks)。簡單來説，就是把函式當作參數傳入使用，例如底下程式：(callback.htm)

```
<meta charset="UTF-8" />
<script>
function func(x, y, callback){
    let num = x * y;
    callback(num);    // 傳回執行結果
}

func(10, 20, function(num){   // 把函式當作參數傳遞
    console.log("num=", num);    //num= 200
});
</script>
```

執行結果會輸出 num= 200，我們在呼叫 func() 時帶入三個引數，10、20 以及一個匿名函式，這個匿名函式就稱為回呼函式，當 func() 執行完，只要呼叫這個函式，就會執行匿名函式裡的敘述。

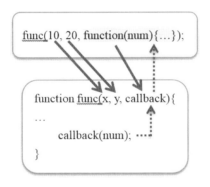

匿名函式是 func 函式執行完才呼叫並傳入 num 這個參數，程式就能夠按照我們預期的順序來執行。

請您試試看將上一小節的 eventLoop.htm 改寫成 callback 回呼，讓程式能夠按照以下順序執行並輸出：

```
程式開始
play1 執行了
play2 執行了
程式結束
```

底下範例提供您參考。

範例：callback_settimeout.htm

```
<meta charset="UTF-8" />
<script>
//callback 回呼函式
function play1(callback){
    setTimeout(function () {
      console.log('play1 執行了 ')
      callback("play1ok");
    }, 8000)
}
function play2(callback1){
    setTimeout(function () {
      console.log('play2 執行了 ')
      callback1("play2ok");
    }, 5000)
}


console.log(" 程式開始 ");
play1(function(e){
    if (e==="play1ok")     // 檢查 play1 的回傳值
    {
        play2(function(e1){
            if (e1==="play2ok")    // 檢查 play2 的回傳值
            {
                console.log(" 程式結束 ");
            }
        });
    }
});
</script>
```

執行結果：

```
程式開始
play1執行了
play2執行了
程式結束
>
```

回呼函式不僅能確保執行順序無誤，利用回傳的參數我們還可以再進行不同的處理。例如範例裡檢查 play1 與 play1 的回傳值，您也可以搭配 switch 敘述利用回傳值來決定程式的流程。

用 callback 雖然能解決非同步的問題，但是當一層層的 callback 串再一起，程式碼過於冗長不易閱讀，當 bug 一發生時就很難維護，這樣的狀況甚至被形容為回呼地獄 (callback hell)。

底下就要來介紹能優雅解決回呼地獄 (callback hell) 的 Promise 物件。

9-2-2 使用 Promise 物件

Promise 字面上的意思就是「承諾」，Promise 物件是建構子函式，透過 new 來產生物件實體，基本的用法如下：

```
let promise = new Promise((resolve, reject) => {
  ...
  if (成功){
    resolve(value);
  } else {
    reject(error);
  }
});
```

Promise 包含三種狀態：

◆ resolve：解決，表示成功

◆ reject：拒絕，表示失敗

◆ pending：等待，表示處理中

Promise 物件的建構子函式稱為執行器函式 (executor function)，有兩個參數，分別是 resolve 函式與 reject 函式，resolve 函式在非同步作業成功完成時被呼叫，此時 Promise 物件的狀態會從處理中變更為完成；reject 函式在非同步作業失敗時被呼叫，Promise 物件的狀態從處理中變更為失敗。

Promise 物件實體只要用 then 方法綁定成功 (resolve) 與失敗 (reject) 的回呼函式，下列兩種寫法都可以：

```
promise.then((successMessage) => {
  // success
}, (error) => {
  // failure
})
```

或者：

```
promise.then((successMessage) => {
  // success
}).catch((error) => {
  // failure
})
```

請看底下範例：

範例：promise.htm

```
<meta charset="UTF-8" />
<script>
//Promise
let myPromise = new Promise((resolve, reject) => {
  setTimeout(function(){
      console.log("setTimeout 執行了 ");
    resolve("ok");
  }, 3000);
});
```

```
myPromise.then((successMessage) => {
  console.log("成功!", successMessage);
}).catch((error) => {
  console.log("失敗！", error);
});
</script>
```

執行結果：

```
setTimeout執行了
成功! ok
```

範例中 myPromise 是 Promise 物件實體，產生實體就會立刻執行，setTimeout 到了指定的 3 秒就會執行函式並呼叫 resolve，此時 Promise 物件實體的狀態從 pending(等待) 變更為 resolved(成功)，就會觸發 then 方法綁定成功時的回呼函式。

其實 Promist 用法跟 callback 是大同小異，繼續看底下的範例，您就清楚了。

範例：Promise_reject.htm

```
<meta charset="UTF-8" />
<script>
//Promise reject
function myPromise(n) {
    return new Promise((resolve, reject) => {
            setTimeout(function(){
                    let num = n * n;
                    if (num > 1000) {
                            resolve(" 大於 1000")
                    } else {
                            reject(" 小於等於 1000")
                    }
            }, 3000);
    })
```

```
    }

myPromise(10).then((resolveValue) => {
    console.log("resolveValue=",resolveValue);
}, (rejectValue) => {
    console.log("rejectValue=",rejectValue);
})
</script>
```

執行結果：

```
rejectValue= 小於等於1000
>
```

介紹到此，看起來跟 callback 回呼函式差異不大，接著我們要介紹的 Promise 的優勢：Promise Chain(Promise 鏈)。

當我們依序呼叫兩個以上的非同步函數時，可以將兩個 Promise 串連在一起，稱為 Promise Chain(Promise 鏈)。

請看底下範例：promiseChain.htm

```
<meta charset="UTF-8" />
<script>
//Promise Chain
function play1(n) {
    return new Promise((resolve, reject) => {
        setTimeout(function(){
            resolve(n*n);
        }, 3000);
    })
};
function play2(n) {
    return new Promise((resolve, reject) => {
        setTimeout(function () {
            resolve(n+n);
```

```
        }, 5000)
    })
};

play1(5).then((e) => {
  console.log("play1 執行了 =", e);
  return play2(e);    // 讓下一個 then 接收
}).then((e1) => {
    console.log("play2 執行了 =", e1);
});
</script>
```

執行結果：

```
play1執行了 = 25
play2執行了 = 50
>
```

範例裡直接在 play1 執行完成之後回傳 play2 的 Promise 物件，讓下一個 then 來接收處理。

9-2-3 async/await 概念

async/await 基本上與 Promise 物件是同樣的意思，只是改了個包裝。async 指令是用來宣告一個非同步函式，語法如下：

```
async function name([param1, param2…]) {…}
```

async 會回傳一個 AsyncFunction 物件，代表一個非同步函式。當 async 函式被呼叫時，會回傳一個 Promise。

async 函式裡面可以使用 await 敘述來暫停 async 函式的執行，並且等待呼叫的函式回傳值，再繼續 async 函式的執行。

請看底下範例：async.htm

```
<meta charset="UTF-8" />
<script>
//async/await

function play1(n) {
    return new Promise((resolve, reject) => {
        setTimeout(function(){
            console.log("play1 =",n*n);
            resolve(n*n);
        }, 5000);
    })
};

async function add1(x) {
  let play1value = await play1(20);   // 等待 play1 執行
  console.log("x + play1value =", x + play1value );
}

add1(10)
</script>
```

執行結果：

```
play1 = 400
x + play1 = 410
>
```

使用 async/await 呼叫多個非同步函式時會更簡潔，請看底下範例。

範例：async01.htm

```
<meta charset="UTF-8" />
<script>
//async/await 改寫 Promise Chain
```

```javascript
function play1(n) {
    return new Promise((resolve, reject) => {
        setTimeout(function(){
            console.log("play1 =",n*n);
            resolve(n*n);
        }, 3000);
    })
};
function play2(n) {
    return new Promise((resolve, reject) => {
        setTimeout(function () {
            console.log("play2 =",n+n);
            resolve(n+n);
        }, 5000)
    })
};

async function add1(x) {
    try {
        let play1value = await play1(20);
        let play2value = await play2(play1value);
        console.log( x + play1value + play2value);
    } catch(err) {
        console.log(err);
    }
}

add1(10)
</script>
```

執行結果：

```
play1 = 400
play2 = 800
x + play1 + play2 = 1210
>
```

第二部分

JavaScript 在 WEB 程式的應用

第10堂課
認識 HTML

這一堂課開始將開始介紹
Web 程式的應用，JavaScript
再 Web 程式大部分需要操作
HTML DOM，您必須對 HTML 的語
法與元件有基本的認識。

10-1 HTML 基本觀念

HTML(HyperText Markup Language，超文本標記語言) 並不是一種「程式」語言，簡單來說，就是利用簡易的英文語法來定義網頁上文字、圖片的顯示方式，以及建立文件間的連結。因為這類 HTML 構成的網頁文件並不具有動態變化能力，所以也稱之為「靜態網頁」。

10-1-1 HTML 架構

HTML 文件是像一般文字檔一樣，可用任何文書編輯器（例如記事本）來編輯產生。編輯完成後只要存成 .htm 或 .html 的檔案格式就可以使用瀏覽器開啟瀏覽該份文件。

HTML5 是目前的 HTML 標準，廣義的 HTML5 除了本身的 HTML5 標記之外還包含 CSS3 以及 JavaScript。

底下先來瞭解 HTML 基本的架構。

HTML 文件主要由標記 (tags) 來標示文件中語法的開始與結束。以下是 HTML 基本架構很重要的標記：

◆ <!DOCTYPE html>：在文件開頭宣告這是 HTML5 文件

◆ <html></html>：用來表示 <html></html> 之間的文件是一份 HTML 文件。只要是 .htm 或 .html 檔案格式的文件，瀏覽器一般都會視為 HTML 文件，所以可以省略此標記。

◆ <head></head>：用來設定 HTML 文件的標題、作者…等資訊。

◆ <meta charset="UTF-8">：指定使用的編碼格式

◆ <title></title>：網頁的標題名稱，它會顯示在瀏覽器的標題列上。

◆ <body></body>：文件的主要內文部分，在 <body></body> 之間的 HTML 標記經瀏覽器解讀之後，會顯示在瀏覽器中，也就是瀏覽者所看到的畫面。

底下是完整的 HTML 文件架構：

```
<!DOCTYPE html>
<html>
```

```
<head>
<meta charset="UTF-8">
<title> 網頁標題 --HTML 架構範例 </title>
</head>
```
head

```
<body>
html 文件的主內容在此
</body>
```
body

```
</html>
```

HTML 標記在使用上並無大小寫之分。

◆ 成雙成對的標記

每個 HTML 標記都是有意義的，就好像是給瀏覽器下指令一樣。除了 <p>、

、<hr>、<img> 等標記之外，大部分的標記都是成雙成對構成區塊，分
別宣告該語法的開始與結束，例如底下的 <h2> 標記是告訴瀏覽器文字要顯
示成 h2 字體大小，</h2> 即代表結束。

程式範例：htmlStyle.htm

```
<!DOCTYPE html>
<html>
<head>
<meta charset="UTF-8">
<title> 成雙成對的標記 </title>
</head>
<body>
html 標記
<hr>
```

```
<h2> 這是 h2 字體 </h2>
</body>
```

執行結果：

◆ 標記的屬性

HTML 標記可以加入額外的屬性設定，讓該標記產生更多的變化。例如 <h2 style ="text-align：center"> 就是利用 style 屬性，加上 CSS 語法來控制文字對齊方式。

```
<h2 style ="text-align：center">
```

標記名稱　屬性

標記名稱與屬性之間及屬性與屬性之間必須使用空白字元間隔。

10-1-2 HTML5 宣告與編碼設定

標準的 HTML 文件在文件前端都必須使用 DOCTYPE 宣告所使用的標準規範，HTML5 的宣告語法如下所示：

```
<!DOCTYPE html>
```

在 <head></head> 標記裡則會放置語系與編碼的宣告，如果網頁文件中沒有宣告正確的編碼，瀏覽器會依據瀏覽者電腦的設定來呈現編碼，例如我們有時逛一些網站，會看到一些網頁變成亂碼，通常都是因為沒有正確宣告編碼的緣故。

語系宣告方式很簡單，只要在 <head> 與 </head> 中間加入如下語法：

```
<html lang="zh-TW">
```

lang 屬性設定為 zh-TW，表示文件內容使用繁體中文。

我們每一堂課的範例都會加入網頁編碼的宣告語法，如下：

```
<meta charset="utf-8">
```

Charset 屬性設定為 utf-8，表示使用 utf-8 來編碼。如果使用 big5 編碼，只要將 Charset 屬性值改為 big5 就可以了。

TIPS

big5 是繁體中文編碼，只支援繁體中文，也就是說 big5 編碼的網頁在其他語系國家開啟就會呈現亂碼，而 utf-8 是國際碼，支援多國語言，比較不會有亂碼的問題。再次提醒讀者留意，網頁編碼的宣告要與文件存檔時的編碼格式一致。以記事本軟體為例，如果網頁要使用 utf-8 編碼，那麼文件存檔時就必須在「編碼」下拉選單選擇「utf-8」。

10-2 HTML 常用標記

HTML 的標記很多，本節僅針對常用的 HTML 標記做介紹。

10-2-1 文字格式與排版相關標記

文字格式的標記常用的有 <font>、<h1>~<h6>、<b>、<i>、<u>，說明如下：

標記	說明
<font></font>	設定文字字型、大小、顏色
<h1>~<h6> </h1>~</h6>	設定文字大小等級
<b></b>	將文字設為粗體字
<i></i>	將文字設為斜體字
<u></u>	將文字加上底線

根據 HTML5 規範，這些字體標記最好能使用 CSS 語法來取代，不過這些仍然是很常見的語法，所以在此仍做說明。CSS 語法請參考下一堂課的說明。

有關文字格式設定，請參考底下範例。

程式範例：font.htm

```
<!DOCTYPE html>
<html>
<head>
<meta charset="UTF-8">
<title>HTML</title>
</head>
<body>
<font color=#FF0000> 昨夜星辰昨夜風 </font><br>
<B> 畫樓西畔桂堂東 </B><br>
<I> 身無綵鳳雙飛翼 </I><br>
```

```
<U> 心有靈犀一點通 </U><br>
</body>
</html>
```

執行結果：

◆ 排版標記

常用的排版標記有 <!-- 註解 -->，<p>、
、<hr>…等，說明如下：

標記	說明
<!-- 註解 -->	HTML 文件註解，只要是放在 <!-- 註解 --> 內的文字，瀏覽器會忽略此標記中的文字。
<p>	換行，並產生一空白行
 	換行
<hr>	產生水平線

底下我們就來看看排版標記的用法。

程式範例：layout.htm

```
<!DOCTYPE html>
<html>
<head>
<meta charset="UTF-8">
<title>HTML</title>
</head>
```

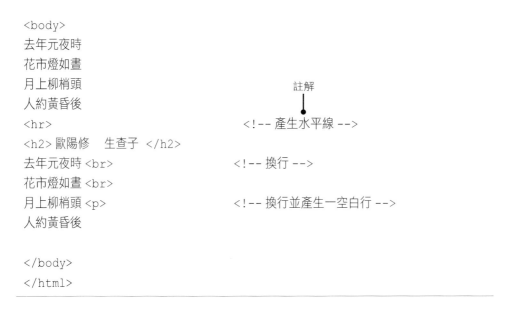

```
<body>
去年元夜時
花市燈如畫
月上柳梢頭
人約黃昏後                          註解
<hr>                    <!-- 產生水平線 -->
<h2> 歐陽修　生查子 </h2>
去年元夜時 <br>          <!-- 換行 -->
花市燈如畫 <br>
月上柳梢頭 <p>          <!-- 換行並產生一空白行 -->
人約黃昏後

</body>
</html>
```

執行結果：

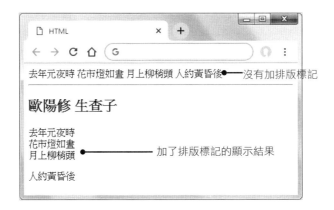

在 layout.htm 文件中，<body>…</body> 內的前四行沒有使用排版標記，編輯 HTML 文件時可以看到換行，但實際上在瀏覽器上顯示時，仍然顯示為一行，所以在 HTML 文件中，想要達到換行的效果，就必須藉由
、<p> 這類的排版標記來達成。

10-2-2 項目清單

項目清單標記的作用是利用列表的方式讓網頁資料能條列式清楚的呈現，常見的項目標記有兩種，分別是 <ul><li> 與 <ol><li>，說明如下：

標記	說明
<ol>	每一項前面加上 1,2,3... 等數目，又稱為編號清單

<ol> 屬性如下所示：

 type 屬性

數字及字母樣式，其 type 值代表意義如下表：

TYPE 值	項目樣式
1	1,2,3…
a	a,b,c…
A	A,B,C…
i	i,ii,iii
I	I,II,III

 start 屬性

開始值，預設為 start=1

標記	說明
<li>	清單項目將以符號排列

<li> 屬性如下所示：

 type 屬性

符號樣式，共有三種 type 樣式，如下表：

type 值	符號樣式
disc	●
circle	○
square	■

value 屬性

起始值，設定其後各項皆以此值為起始數目遞增。

標記	說明
<ul>	每一項前面加上●、○、■等符號，又稱為符號清單

<ul> 屬性如下：

type　符號樣式

符號樣式，type 值代表意義如下表：

type 值	符號樣式
disc	●
circle	○
square	■

有關項目符號及編號設定，請參考底下範例。

程式範例：bullet.htm

```
<!DOCTYPE html>
<html>
<head>
<meta charset="UTF-8">
<title> 項目符號 </title>
</head>
<body>
```

我最喜歡的運動：

```
<ol type=a start=3>
<li> 游泳
<li> 羽毛球
<li> 籃球
</ol>

系所簡介：
<ul type=square>
    <li> 工學院
        <ul>
            <li> 機械系
            <li> 化工系
        </ul>
    <li> 管學院
        <ul>
            <li> 資管系
            <li> 企管系
        </ul>
</ul>
</body>
</html>
```

執行結果：

10-2-3 表格

透過表格能幫助我們更有效的安排網頁版面，表格內除了可輸入文字之外也可以放置圖像，最常用的表格標記有 <table>、<tr>、<td> 三種，底下就來認識一下表格的標記及屬性。

標記	說明
<table></table>	宣告表格的開始與結束

<table> 的屬性如下所示：

> width 屬性

表格寬度，可用百分比表示 (如 :80%)。

> border 屬性

邊框厚度。

> cellspacing 屬性

表格儲存格格線填充間距。

> cellpadding 屬性

文字與儲存格格線的距離。

標記	說明
<tr></tr>	用來設定表格列

<tr> 的屬性如下所示：

> align 屬性

水平對齊方式，其值有 left(靠左)、center(水平置中)、right(靠右) 三種。

valign 屬性

垂直對齊方式，其值有 top(靠上)、middle(垂直置中)、bottom(靠下) 三種。

標記	說明
<th></th>	用來設定表頭標題欄
<td></td>	用來設定表格欄

<th> 與 <td> 的屬性如下所示：

colspan 屬性

儲存格向右合併的格數，例如 :colspan="2" 表示往右合併兩格儲存格 (含本身儲存格)。

rowspan 屬性

儲存格向下合併的格數，例如 :rowspan="4" 表示往下合併四格儲存格 (含本身儲存格)。

align 屬性

水平對齊方式，其值有 left(靠左)、center(水平置中)、right(靠右) 三種。

valign 屬性

垂直對齊方式，其值有 top(靠上)、middle(垂直置中)、bottom(靠下) 三種。

有關表格標記的用法，請參考底下範例。

程式範例：table.htm

```
<!DOCTYPE html>
<html>
<head>
<meta charset="UTF-8">
```

```
<title> 表格 </title>
</head>
<body>
<b> 銷售量調查表 ( 單位：台 )</b></p>
  <table border="1" cellpadding="0" cellspacing="0">
    <tr>
      <td> </td>
      <td> 第一季 </td>
      <td> 第二季 </td>
      <td> 第三季 </td>
      <td> 第四季 </td>
    </tr>
    <tr>
      <td> 電視機 </td>
      <td>10</td>
      <td>8</td>
      <td>12</td>
      <td>15</td>
    </tr>
    <tr>
      <td> 筆記型電腦 </td>
      <td>13</td>
      <td>11</td>
      <td>9</td>
      <td>16</td>
    </tr>
    <tr>
      <td> 小計 </td>
      <td>23</td>
      <td>19</td>
      <td>21</td>
      <td>31</td>
    </tr>
    <tr>
      <td> 總計 </td>
```

```
        <td colspan="4" align="right">94</td>
    </tr>
  </table>

</body>
</html>
```

範例結果：

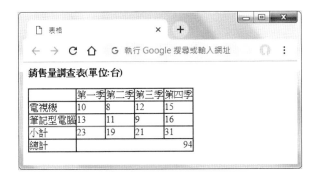

範例中第一列第一欄的儲存格內加上了「 」標記，底下來為您說明這個標記的功用。

「 」標記的目的是加入「不斷行空格 (non-breaking space)」，一個「 」標記代表了一個空格，當表格儲存格內無資料時有些瀏覽器會呈現不完整的儲存格框線，加上「 」標記就能確保所有瀏覽器都能完整呈現表格框線。

學習小教室

HTML 內如何加入連續空格？

加入連續空格的方法有兩種：

1. 加入「 」標記。

2. 加入中文全形空格。(在中文輸入法模式下，按 shift+Space 鍵可以切換全形或半形)。

10-2-4　插入圖片

在網頁中插入圖片的標記為 <img>，而超連結的標記為 <a></a>，底下來看看這兩個標記的用法。

標記	說明
<img>	加入圖片

<img> 屬性如下：

    src 屬性

圖檔來源，可以使用 gif、jpg 以及 png 格式。若圖片檔與 HTML 文件檔放在同一個目錄中則只需寫上圖檔名稱，否則必須加上正確的路徑，例如：

<img src="pic01.jpg">

<img src="images/pic01.jpg">

    width、height 屬性

設定圖片大小，圖片寬度及高度一般是用 pixels 為單位，如果圖片大小為原圖大小則可省略此設定。(建議使用 CSS 來設定圖片大小)

border 屬性

邊框大小。

title 屬性

當滑鼠游標移到圖片上時顯示的文字。

lowsrc 屬性

預先載入低解析度圖片 (通常是灰階圖形)。通常使用在圖檔較大的情況，因大圖載入時間較久，預先載入低解析度圖片，可以讓瀏覽者先大略知道原始圖片的樣式。

程式範例：img.htm

```
<!DOCTYPE html>
<html>
<head>
<meta charset="UTF-8">
<title>加入影像</title>
</head>
<body>
<img src="images/1.jpg" width="100" height="100">
<img src="images/2.jpg" width="200" height="200" border=1>
<img src="images/3.jpg" width="300" height="300" title="這是加入
title 屬性內的文字 ">

</body>
</html>
```

範例結果：

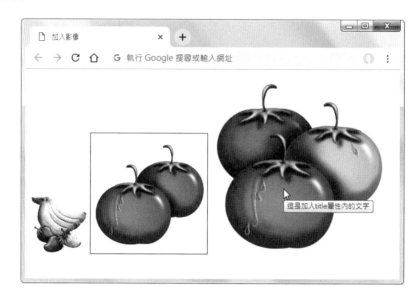

img.htm 範例第二張圖形，border 屬性為 1，所以圖片會有邊框，第三張圖形加入了 title 屬性，當滑鼠游標移到圖片上時，滑鼠游標旁就會出現設定好的說明文字。

10-2-5 超連結

超連結 (HyperLink) 是形成網際網路不可或缺的關鍵角色，只要透過簡單的超連結標記，就可以輕鬆連結其它的網頁或檔案。語法如下：

標記	說明
<a></a>	加入超連結

<a></a> 內的文字、圖片都可以成為超連結，其屬性有 <href>、<name> 以及 <target>，說明如下：

> href 屬性

href 是設定所要連結的文件名稱，常見的連結方式有下列幾種：

◆ 連結到外部 url (例如：href="http://www.yahoo.com/")

◆ 連結內部網頁 (例如：href="index.htm")

◆ 連結至同一網頁指定的書籤位置 (例如：href="#top")

◆ 連結至其他協議 (protocol) (例如：https://, ftp://, mailto:)

◆ 執行 JavaScript (例如：href="javascript:alert('Hi');")

連結至同一網頁指定的書籤位置，必須使用 name 屬性先在文件內設定好。

name 屬性

name 屬性用來設定文件內部被連結點，該連結點並不會顯示在螢幕上，使用時必須搭配 href 參數來連結，例如：

<a name=" 公司簡介 ">···<a>

<a href="# 公司簡介 ">···</a>

其中「公司簡介」就是自行設定的連結點，href 屬性必須以「#」號來識別。

target 屬性

按下連結之後指定顯示的視窗，可輸入的值有：框架名稱、_blank、_parent、_self 以及 _top：

target=" 框架名稱 "	將連結結果顯示在某一個框架中，框架名稱是事先由框架標記所命名。
target="_blank"	將連結結果顯示在新的頁面，也可以寫成 target="_new"，設為 "_blank" 是每按一次連結都會產生新的頁面，"_new" 則只會產生一次新的頁面，之後每按一次連結只更新這個新頁面。
target="_top"	通常是使用在有框架的網頁中，表示忽略框架而顯示在最上層。
target="_self"	將連結結果顯示在目前的視窗 (框架) 中，此為 target 屬性的預設值

程式範例：**link.htm**

```html
<!DOCTYPE html>
<html>
<head>
<meta charset="UTF-8">
<title>超連結</title>
</head>
<body>
<a href="table.htm">這是文字超連結</a>    <!-- 文字超連結 -->
<a href="table.htm" target="_blank">
<img src="images/2.jpg" width=100>      <!-- 圖形超連結 -->
</a>

</body>
</html>
```

範例結果：

範例中分別為您示範了文字及圖形超連結標示的用法，其中文字超連結沒有設定 target 屬性，當我們在文字連結按下滑鼠左鍵時，連結目標會開啟在目前頁面，而圖片連結的 target 屬性設為 _blank，因此當您在圖片上按下滑鼠左鍵時，會將連結目標顯示在新的頁面。

10-2-6　框架 (frame)

HTML 框架有兩種標記，分頁框架 <frame> 以及內建框架 <iframe>。

分頁框架的作用是將網頁頁面分成幾個子頁面，舉例來說，您可以將主頁面分成左右兩區，左側的頁面放置網頁項目的選單，右側做為頁面顯示區。

底下我們就來看看框架標記的用法：

標記	說明
<frame></frame>	設定框架模式

frame 標記的屬性如下：

```
cols="120,*"
```

垂直分割視窗，參數值可以是整數或百分比值，輸入「*」則代表自動調整框架寬度。參數值的個數代表分割的框架數目，例如「cols="120,*"」表示分為左右兩個視窗，左視窗寬度是 120 pixels，右視窗寬度是扣除左視窗後剩餘的寬度，再看另一個例子：「cols="120,*,30%"」表示分為三個視窗，第一個視窗寬度 120 pixels，第二個視窗是扣除第一及第三個視窗寬度後剩餘的寬度，第三個視窗則佔整個畫面的 30% 寬度。

```
rows="120,*"
```

水平分割視窗，也就是將視窗分為上下視窗，參數值設定與 cols 相同。

```
frameborder="0"
```

設定是否顯示框架邊框，參數值只有 0 與 1，0 表示不顯示邊框，1 表示顯示邊框。

```
border="0"
```

設定框架的邊框寬度，單位為 pixels。

```
framespacing="5"
```

表示框架與框架的間距。

語法	說明
<noframes></noframes>	瀏覽器不支援框架模式時的處理方式

有些比較舊版的瀏覽器可能無法顯示出框架，以致於瀏覽者看到的畫面會是一片空白。為了避免這種情形，可以加上 <noframes> 標記，當瀏覽器無法辨識框架標記時，就會顯示 <noframes> 與 </noframes> 之間的內容。

框架標記的用法請參考底下範例：

程式範例：frame.htm

```
<!DOCTYPE html>
<html>
<head>
<meta charset="UTF-8">
<title>frame 框架 </title>
</head>
<frameset rows="80,*">
<frame name="top" src="top.htm">        <!--- 框架名稱為 top-->
<frame name="main" src="table.htm">     <!--- 框架名稱為 main-->
</frameset>
<noframes>
<body>
本網頁使用框架，您使用的瀏覽器不支援框架功能。
</body>
</noframes>
</html>
```

執行結果：

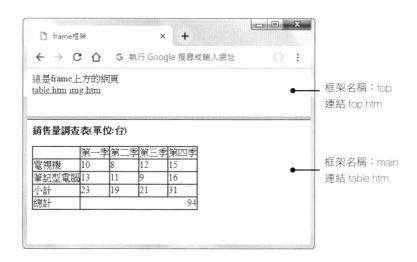

框架名稱：top
連結 top.htm

框架名稱：main
連結 table.htm

當您按下 top.htm 範例中的連結文字時，對應的網頁內容會顯示在 name 屬性為
main 框架 (下方框架)，看到的畫面將如下圖：

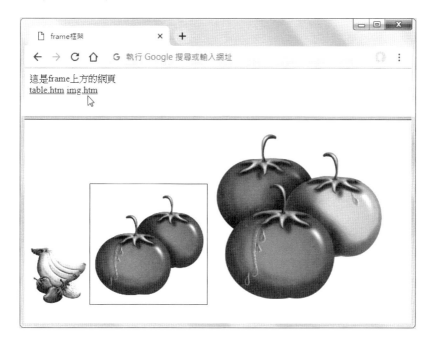

使用 <frameset></frameset> 標記時就不需要 <body></body> 標記，不過如果
有添加 <noframes> 標記則必須在 <noframes> 標記加上 <body></body> 標記。

◆ 內建框架標記

內建框架是在現有頁面加上框架，很像在網頁上挖個框框，框裡面是另外一個網頁。

標記	說明
<iframe></iframe>	表單標記

屬性有：

```
frameborder="0"
```

設定是否顯示框架邊框，參數值只有 0 與 1，0 表示不顯示邊框，1 表示顯示邊框。

```
width、height 屬性
```

設定內建框架的寬度與高度，一般是用 pixels 為單位

```
scrolling="yes"
```

是否出現捲軸，設定值有 yes、no 與 auto

```
marginwidth、marginheight
```

設定 iframe 的邊距，一般是用 pixels 為單位

範例：iframe.htm

```
<!DOCTYPE html>
<html>
<head>
<meta charset="UTF-8">
<title>iframe 內建框架</title>
</head>
<body>
<h3>iframe 有捲軸：</h3>
<iframe src ="table.htm" width="300" height="100" scrolling="auto">
```

```
  <p>Your browser does not support iframes.</p>
</iframe>
<hr>
<h3>iframe 設定 seamless：</h3>
<iframe src ="table.htm" width="300" height="150" frameborder="0"
scrolling="no">
  <p>Your browser does not support iframes.</p>
</iframe>
</body>
</html>
```

10-2-7　表單與表單元件

表單 (Forms) 通常會搭配 JavaScript、CGI 程式或是 ASP、PHP 等描述語言來運作，達到與使用者互動的目的。

一份完整的表單通常由 <form></form> 標記包圍，再加上一種以上的表單元件共同組成，底下為您介紹 <form> 標記及常用的表單元件：

標記	說明
<form></form>	表單標記

表單標記的屬性有：

```
action
```

當表單與 CGI、PHP 之類的伺服器端描述語言配合使用時，必須透過 action 屬性指定程式傳遞的位置。例如想要將表單所填的資料寄到 abc@mail.com.tw 這個郵件地址，則可以在 action 屬性設定 action=mailto:your@email.com，這樣一來，就可以將表單內容傳送到指定的郵件地址。

```
method
```

method 屬性是用來指定資料傳送的方式，參數值有 post 以及 get 兩種。利用 get 方式傳送資料時，get 會將資料直接加在 URL 後面，作為查詢的字串 (Query String)，從瀏覽器的網址列就可以看見表單傳送的資料，安全性較差，也不適合資料量大的傳輸，如圖所示：

get 方式會將資料字串接在 ? 之後

而 post 方式傳送則是包裝在 HTTP Request 封包的 message-body 進行傳送，容許傳送大量資料，因此一般的表單傳送建議採用 post 方式。底下是兩者的比較：

	GET	POST
網址	網址會顯示帶有表單的參數與資料 (Query String)	包裝在 HTTP Request 封包內的 message body 傳送，網址不會顯示表單資料
資料量限制	URL 長度有限制，只適合少量參數	沒有明確的限制，取決於伺服器的設定和記憶體大小
Web cache	response(回應) 會被 cache	response(回應) 不會被 cache
安全性	URL 可以看到參數，安全性差	安全性較佳

GET 原本的設計就是為了取得資料，因此只要是相同的查詢條件 (傳遞的參數與參數值都相同)，瀏覽器就預設資料應該相同，瀏覽器的 cache 功能就會先把 http response(http 的回應資料) 暫存，之後讀取相同網頁的時候，直接從 cache 取出資料，就不需要重新下載。POST 的設計是為了傳遞資料，因此 cache 就不會將 http response 暫存。

TIPS

cache 稱為快取或緩存，這裡是指瀏覽器的 cache，它是暫時存放 HTTP 回應的暫存區，好處是可以減少載入資料的時間與流量，但是有時會造成瀏覽網站都是舊的資料，這時候只要將瀏覽器的 cache 清空就可以了

```
name
```

name 屬性指定 form 的名稱。當我們利用 JavaScript 語法叫用表單元件時，都必須以 name 為依據，所以 <form> 的 name 屬性是相當重要的。

◆ 表單元件

表單元件必須放在 <form> 與 </form> 標記之間，搭配送出指令，才能將資料傳送出去。表單元件基本的語法架構如下所示：

```
<input type="text" name="T1" value=" 單行文字 ">
```

type 屬性是用來定義表單元件的型態，例如 type 屬性設定為 text，表示產生文字方塊，讓瀏覽者可以在方框內輸入文字。name 屬性是設定該元件的識別名稱，而 value 則是該元件的值。

常見的表單元件有以下幾種：

表單元件名稱	外觀	HTML 語法
文字方塊 (單行)	單行文字	`<input type="text" name="T1" value=" 單行文字 ">`
密碼方塊	•••••••••••	`<input type="password" name="T2" value="123">`
日期方塊	2018/12/01 ✕ ⬍ ▼	`<input type="date">`
年月方塊	2019年01月 ✕ ⬍ ▼	`<input type="month">`
年週方塊	2019 年，第 01 週 ✕ ⬍ ▼	`<input type="week">`
數字方塊	3 ⬍	`<input type="number">`
搜尋方塊	test ✕	`<input type="search">`
滑動方塊		`<input type="range">`
核取方塊	☑ 運動 ☐ 跳舞 ☐ 唱歌	`<input type="checkbox" name="C1" value="ON">`
選項按鈕	◉ 男 ○ 女	`<input type="radio" value="V1" name="R1">`
一般按鈕	按鈕	`<input type="button" value=" 按 鈕 " name="B3">`
文字區域 (多行)	這是文字欄位	`<textarea name="textarea2" cols="20" rows="5">` 這是文字欄位 `</textarea>`

表單元件名稱	外觀	HTML 語法

下拉式清單方塊
(單選)
		`<select size="1"name="D2">`
		`<option value=" 第一項 "> 第一項 </option>`
		`<option value=" 第二項 "> 第二項 </option>`
		`<option value=" 第三項 "> 第三項 </option>`
		`</select>`

下拉式清單方塊
(複選)
		`<select size="4" name="D1" multiple>`
		`<option value=" 第一項 "> 第一項 </option>`
		`<option value=" 第二項 "> 第二項 </option>`
		`<option value=" 第三項 "> 第三項 </option>`
		`</select>`

表單元件的按鈕除了一般按鈕 (type=button) 之外，還有兩種：送出鈕 (type=submit) 以及重設鈕 (type=reset)。

◆ 送出鈕

　　按下送出鈕之後，表單資料將會送到<form>中action屬性所指定的URL位址。

◆ 重設鈕

　　按下重設鈕之後，會將表單欄位的資料清除，而回復到表單元件的預設值。

表單元件通常會與 <label> 標記搭配使用，<label> 標記從外觀看不出任何效果，不過當滑鼠點擊 <label> 標記內的文字，就會將「焦點 (focus)」轉到標籤指定的元件，格式如下：

```
<label for=" 元件的 id">
```

for 屬性值必須是元件的 id 值。

表單元件使用方式，請參考底下範例。

程式範例：form.htm

```
<!DOCTYPE html>
<html>
<head>
<meta charset="UTF-8">
<title>form 表單 </title>
</head>
<body>
<form name="frm" method="post" action="">
  <label for="username"> 請輸入姓名：</label>
    <input type="text" name="username" id="username">
<br>
  <label for="sex_box"> 性別：</label>
    <input name="sex" id="sex_box" type="radio" value=" 男 "
checked><label for="sex_box"> 男 </label>
    <input name="sex" id="sex_girl" type="radio" value=" 女 "><label
for="sex_girl"> 女 </label>
<br>
  <label for="birthday"> 出生日期：</label>
    <input name="birthday" id="birthday" type="date">
<p>
    <input type="submit" name="Submit" value=" 確定送出 ">
    <input type="reset" name="reset1" value=" 取消重設 ">
</form>

</body>
</html>
```

執行結果：

請輸入姓名：[　　　　　　　　]　●── 取得焦點
性別： ○ 男 ●女
出生日期： [年 /月 /日]

[確定送出] [取消重設]

範例中游標輸入點停在文字方塊，我們就稱該元件取得焦點。

表單是與瀏覽者產生互動最基本的方式之一，在之後章節裡，我們會再透過 JavaScript 來控制這些表單元件。

10-3　div 標記與 span 標記

div 標記與 span 標記屬於區塊標記，皆是網頁不可或缺的元件之一，主流的響應式網頁設計 (RWD) 就是運用 div 標記加上 CSS 及 JavaScript 來完成。

10-3-1　認識 div 標記

\<div\> 標記屬於獨立的區塊標記 (block-level)，也就是説它不會與其他元件同時顯示在同一行，\</div\> 標記之後會自動換行。功能有點類似群組，經常被用來做為網頁配置，語法如下：

```
<div>…</div>
```

請看底下範例操作：

範例：div.htm

```
<!DOCTYPE HTML>
<html>
  <head>
  <meta charset="UTF-8">
   <title> div 標記 </title>
  </head>
```

```
<body>
    <div>
    錦瑟無端五十絃，
    一絃一柱思華年。
    </div>
    <div style="background-color:#ffccff">
    莊生曉夢迷蝴蝶，
    望帝春心託杜鵑。
    </div>
    <div>
    滄海月明珠有淚，
    藍田日暖玉生煙。
    </div>
    <div style="background-color:#ffff99">
    此情可待成追憶，
    只是當時已惘然。
    </div>
</body>
</html>
```

執行結果：

10-3-2 認識 span 標記

<span> 標記與 <div> 標記有點類似，差別在於 </div> 標記之後會換行，而 <span> 是屬於行內標記 (inline-level)，可與其他元件顯示於同一行。

<span> 標記預設無法指定寬度屬性，而是由 span 標記裡的文字或元件決定寬度。語法如下：

```
<span>…</span>
```

<div> 標記大多使用於一個區塊，<span> 則大部分應用在單行。透過底下範例，您就更清楚 <div> 與，<span> 標記的用法與兩者的差別。

範例：span.htm

```
<!DOCTYPE HTML>
<html>
 <head>
 <meta charset="UTF-8">
  <title> span 標記 </title>
 </head>
 <body>
     <div style="width:250px;border:1px solid red;background-
color:#ffff66">  <!--div 1 start-->
          <div style="background-color:#ffccff">李商隱 錦瑟 </div>
<!--div 2-->
          錦瑟無端五十絃，
          一絃一柱思華年
     </div>      <!--div 2 end-->
          莊生曉夢迷蝴蝶，
          望帝春心託杜鵑。
          <span style="background-color:#99ff66">滄海月明珠有淚 </
span>，
          藍田日暖玉生煙。
          此情可待成追憶，
          只是當時已惘然。

 </body>
</html>
```

執行結果：

李商隱 錦瑟
錦瑟無端五十絃，一絃一柱思華年
莊生曉夢迷蝴蝶，望帝春心託杜鵑。 滄海月明珠有淚， 藍田日
暖玉生煙。 此情可待成追憶，只是當時已惘然。

div 標記是獨立的區塊

span 標記是屬於
行內標記

範例裡 <div> 裡面還包含了一個 <div> 標記，形成了 div 的多層巢狀，當程式碼一多就很容易少寫了 </div> 或是找不到對應的 </div>，建議可以在 <div> 的開始與結尾加上註解。

<span> 標記雖然不能指定寬度屬性，不過透過 CSS 語法將 display 屬性設定成 inline-block，就能夠設定區塊寬度與高度。範例裡添加的 style 屬性是設定 CSS 樣式，下一堂課，我們將介紹實用的 CSS 語法。

第11堂課

認識 CSS

CSS 在網頁扮演舉足輕重的
角色，除了可以美化網頁版面
之外，也可以讓其他網頁套用相
同的 CSS，省去反覆設定格式的麻
煩，讓網頁維護更加容易。

11-1　使用 CSS 樣式表

CSS 全名是「Cascading Style Sheets」，中文名稱為「樣式表」，它可用來定義 HTML 網頁上物件的大小、顏色、位置與間距，甚至是為文字、圖片加上陰影等等功能，就像是網頁美容師一樣，可賦予網頁豐富漂亮且一致的外觀。

11-1-1　套用 CSS

將 CSS 樣式表套用於網頁的方法有三種：

◆ 樣式套用於行內

　　這種方式是利用 style 屬性將 CSS 樣式套用於元件，例如：

```
<font style="font-size:60px; color:#FF0000;"> 行內樣式 </font>
```

　　上面敘述只有這一個 <font> 標記範圍內的文字格式會被更改，其它的 <font> 標記不受影響。

◆ 樣式套用於整頁

　　這種套用方式是將 <style></style> 標記來宣告 CSS 樣式，通常會放在 <head></head> 標記裡面，宣告的格式如下：

```
<style>
      選擇器  {
            屬性：屬性值；
      }
</style>
```

選擇器最常使用的是 HTML 元件名稱、id 名稱或 class 名稱。先來看看底下範例。

範例：css.htm

```
<!DOCTYPE HTML>
<html>
```

```
<head>
<meta charset="UTF-8">
 <title> 套用 CSS 樣式 </title>
 <style>
     body{text-align:center}
     H1{
           font-size:60px;
           color:#3300ff;
     }
     H2{
           font-size:60px;
           color:#3300ff;
           text-shadow:5px 5px 5px #a6a6a6;
     }
 </style>

 </head>
 <body>
  <H1> 這是 H1 樣式 </H1>
  <H2> 這是 H2 樣式 </H2>

 </body>
</html>
```

執行結果：

上述範例在 <head></head> 內宣告 <H1> 及 <H2> 的樣式，所以整個網頁裡只要是 <H1> 及 <H2> 標記都會套用同樣的樣式。

◆ 連結外部 CSS 樣式表

CSS 樣式表與 JavaScript 的 *.js 檔一樣都可以從外部載入，css 樣式檔的副檔名為 *.css，只要將喜歡的樣式儲存為 css 檔，日後只要載入這個檔案，網頁就能套用相同的樣式，相當方便。

連結的語法如下：

```
<link rel=stylesheet href="css 檔路徑 ">
```

接下來，我們來看連結外部 CSS 樣式表的範例。

範例 :linkCSS.htm

```
<!DOCTYPE HTML>
<html>
 <head>
 <meta charset="UTF-8">
  <title> 套用外部 CSS 樣式檔 </title>
  <!-- 載入 CSS 樣式檔 -->
  <link rel=stylesheet href="myCSS.css">
 </head>
 <body>
<img src="images/cat.gif">
<H2> 這是 H2 樣式 </H2>
 </body>
</html>
```

執行結果：

範例所連結的 CSS 樣式檔 (myCSS.css) 程式碼如下：

```
body{text-align:center}
H2{
    font-size:60px;
    color:#0000ff;
    height:60px;
    filter:shadow(direction=135, Color=#FF0000);
}
```

如果同一份 HTML 文件同時使用了外部 CSS、內部 style 以及行內 css 造成樣式相衝突時，行內 CSS 會先被使用，優先權先後順序如下：

行內 CSS → 內部 style → 外部 CSS

瞭解 CSS 樣式放置的位置之後，接下來，我們來看看如何宣告樣式吧！

11-1-2 CSS 選擇器

CSS 選擇器可以讓我們指定要設定哪些元件的樣式，常用的選擇器有元件選擇器、id 選擇器與 class 選擇器，底下來看看它的格式。

◆ 元件選擇器 -- 套用於 HTML 標記

此種方式是定義現有的 HTML 標記，也就是為標記加上新的樣式。

```
HTML 標記 { 屬性：設定值 ; }
```

例如：

```
img {border:1px solid red}
```

<img> 是 HTML 的標記，用於加入圖片，經過上式的宣告之後，所有 <img> 標記圖片都會加上邊框。

◆ class 選擇器 -- 套用於符合 class 名稱的標記

此種方式是以類別名稱 (class) 來定義樣式，格式如下：

```
.class 名稱 { 屬性：設定值 ; }
```

例如：

```
.RedColor{color:#FF0000;}
```

請注意，RedColor 前方有一個點 (.)，相當於 *.RedColor，意思就是只要類別名稱是 RedColor 都會套用。

◆ id 選擇器 -- 套用於符合 id 名稱的標記

此種方式是以 id 名稱來定義樣式，格式如下：

#id 名稱 { 屬性：設定值；}

例如：

#RedColor{color:#FF0000;}

請注意，id 選擇器的符號是 #，RedColor 前方有一個點 (#)，錶是套用於 id 名稱為 RedColor 的元件。

範例：classSelector.htm

```
<!DOCTYPE HTML>
<html>
 <head>
 <meta charset="UTF-8">
  <title> class 選擇器 </title>
  <style>
  .redBorder{
          font-size:30px;
          color:#FF0000;
          border:3px groove red;   /* 加上邊框 */
      }
  </style>
 </head>
<body>
    <img src="images/cat.gif">
    <img src="images/butterfly.gif" class="redBorder">
    <H1> 這是 H1 樣式 </H1>
    <H1 class="redBorder"> 這裡套用了 .redBorder 樣式 </H1>
</body>
</html>
```

執行結果：

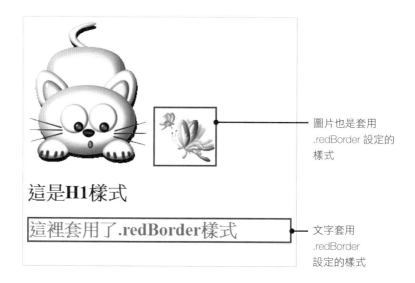

圖片也是套用
.redBorder 設定的
樣式

文字套用
.redBorder
設定的樣式

範例中一張圖片與一段文字裡都設定 class 名稱 (class="redBorder")，就會套用 .redBorder 的 css 樣式。

 學習小教室

CSS 的度量單位

CSS 支援多種不同的度量單位，常見的有：

絕對單位：pixels(px)、point(pt)、公分 (cm)、英寸 (in)、公釐 (mm)

相對單位：倍數 (em)、倍數 (rem)、百分比 (%)

所謂絕對單位是指不會隨著外層物件變動，譬如 12pt 就會固定以 12pt 呈現，pixels(px) 雖然放在絕對單位，但它是螢幕上的一個點 (pixels)，所以還是會與螢幕解析度有相對的關係。

相對單位是指會隨著外層元件的單位而連動，以 em 來說，em 是指定倍數，譬如底下CSS程式碼的 body 字體大小為 12px，那麼 2em 就會是 12px的2倍。

續下頁

學習小教室

```
body{
    font-size: 12px;
}
h1{
    font-size: 2em; ●── body 的 12px*2
}
```

一般瀏覽器預設都是 16px，如果上層元件都沒有設定單位，2em 就會是
16px*2。

rem 與 em 一樣都是倍數，差別在於 rem 只受 html 影響，譬如下面 CSS 樣式
指定 h1 的字體大小是 2rem，表示是 html 的 2 倍 (30px*2)，外層 div 並不會
影響 h1 的字體大小。

CSS

```
html{font-size:30px}
  div{
      font-size:60px;
  }
  h1{
      font-size:2rem;
  }
       html 的 30px*2
```

HTML

```
<html>
<body>
<div>
            這是 div 裡面的文字
            <H1> 這是 H1 裡面的文字 </H1>
</div>
</body>
</html>
```

如果 html 沒有設定單位，同樣是預設為 16px。

11-2　CSS 樣式語法

CSS 最令人津津樂道的就是文字方面的性質，只用 HTML 產生的文字太呆板，加上 CSS 樣式後文字就有了更生動活潑的造型。

11-2-1　文字與段落樣式

下表列出常用的文字字型性質。

設定值	性質名稱	說明
{font-family: 字型 1、字型 2…}	字型	
{font-size:60px ｜ < 絕對大小 > ｜ < 相對大小 > }	字體大小	< 絕對大小 > 包括 xx-small ｜ x-small ｜ small ｜ medium ｜ large ｜ x-large ｜ xx-large < 相對大小 > 包括 larger ｜ smaller
{font-style:Normal ｜ Italic ｜ Oblique}	斜體	Normal: 預設值 Italic: 斜體 Oblique: 斜體
{font-weight: Normal ｜ Bold ｜ Bolder ｜ Lighter ｜ 100 ~ 900 }	字體粗細	最細 :100~ 最粗 :900 Bold: 粗體，相當於 700 Bolder: 原字體粗細加 100 Lighter: 原字體粗細減 300
{ font-variant : Normal ｜ Small-caps }	字母大小寫	Normal: 小寫轉換大寫 small-caps: 小寫字母轉成字體較小的大寫字母

範例

```
<!DOCTYPE HTML>
<html>
 <head>
 <meta charset="UTF-8">
```

```
<title> CSS__font </title>
    <style>
    body{text-align:center};
    .p30chinese{
                font-size:30pt;
                color:#FFCC00;
                font-family: 標楷體 ;
    }
    .p30english_w100{
                font-size:30px;
                color:#FF0000;
                font-family:Arial;
                font-weight:100;
    }
    .p30eng_bold_w900{
                font-size:30px;
                color:#6699FF;
                font-family:Arial;
                font-weight:900;
    }
    .p30eng_italic{
                font-size:30px;
                color:#FF00FF;
                font-family:Impact;
                font-style:italic;
    }

    .p30eng_small-caps{
                font-size:30px;
                color:#00CC00;
                font-family:Impact;
                font-variant:small-caps;
    }

</style>
```

```
  </head>
<body>

<img src="images/cat.gif" width=150>
<img src="images/butterfly.gif" class="p60">
<H1 class="p30chinese">中文字是標楷體</H1>
<H1 class="p30english_w100">font-family is "Arial",font-weight is
"100"</H1>
<H1 class="p30eng_bold_w900">font-family is "Arial",font-weight is
"900"</H1>
<H1 class="p30eng_italic">font-family is "Impact",font-style is
"italic"</H1>
<H1 class="p30eng_small-caps">font-family is "Impact",font-variant
is "small-caps"</H1>

</body>
</html>
```

執行結果

◆ 文字段落性質

除了字型性質之外，還可以藉由 CSS 樣是來調整字距、行高及文字對齊方式等，常用的性質列於下表。

設定值	性質名稱	說明
{Letter-spacing:Normal | <lenght>}	字元間距	<length> 指固定的值，如 20(=pt)、20px
{Line-height:Normal | <length> | <number>}	行高	<length> 指固定的值，如 20(=pt)、20px <number> 為數字，如 line-height:3，若此時字高為 20pt，則行高為20pt*3=60pt
{Text-indent:<length>}	段落縮排	<length> 指固定的值，如 20(=pt)、20px
{Text-decoration:None | Overline | Underline | Line-through | Blink}	文字效果	None: 預設值 Overline: 頂線 Underline: 底線 Line-through: 刪除線 Blink: 閃爍文字
{Text-align:Left | Center | Right | Justify}	文字水平對齊	Left: 靠左對齊 Center: 置中對齊 Right: 靠右對齊 Justify: 左右均分對齊
{Text-transform:None | Lowercase | Uppercase | Capitalize}	大小寫轉換	None: 預設值 Lowercase: 字母轉小寫 Uppercase: 字母轉大寫 Capitalize: 首字大寫

上述字元間距、字距以及段落縮排，請參考底下示意圖：

範例：css_p.htm

```
<!DOCTYPE HTML>
<html>
 <head>
 <meta charset="UTF-8">
  <title> CSS line </title>
    <style>
    .letter_spacing{
              color:#000099;
              Letter-spacing:10px;
    }
    .text_indent{
              color:#ff0000;
              Text-indent:50px;
    }
    .line_height{
              color:#33CC00;
              Line-height:2;
    }
    .text_decoration{
              color:#0000FF;
              Text-decoration:Underline;
    }
    .text_transform{
              color:#669900;
              Text-transform:Uppercase;
```

```
        }
        .text_align{
                color:#CC0000;
                Text-align:right;
        }
    </style>
  </head>
<body>


<p class="letter_spacing">Some of the stories we know and like are
many hundreds of years old.</p>
<p class="text_indent">Among them are Aesop' s fables. A fable
is a short story made up to teach a lesson.Most fables are about
animals. In them animals talk.</p>
<p class="line_height"> Many of our common sayings come from
fables. "Sour Grapes" is one of them.It comes from the fable "The
Fox and the Grapes." In the story a fox saw a bunch of grapes
hanging from a vine. </p>
<p class="text_decoration">They looked ripe and good to eat. But
they were rather high.</p>
<p class="text_transform">He jumped and jumped, but he could not
reach them. At last he gave up.</p>
<p class="text_align">As he went away he said.<br> "Those grapes
were sour anyway." <br>Now we say, <br>Sour Grapes! when someone
pretends he does not want something he tried to get but couldn' t.
</p>


</body>
</html>
```

執行結果

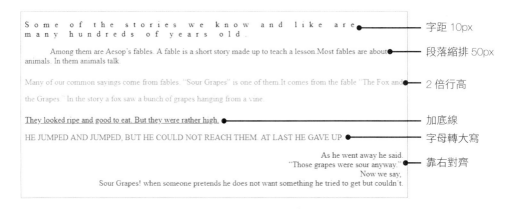

11-2-2 顏色相關樣式

CSS 樣式的顏色有下列兩種常用表示法：

語法	範例	說明
{color: 顏色名稱 }	{color:blue}	以顏色名稱表示
{color:#RRGGBB}	{color:#6600CC}	十六進位色彩 (HEX color)

使用顏色名稱來指定顏色是最簡單的方法，常用的顏色名稱如下所示：

black(黑色)	blue(藍色)	gray(灰色)	green(綠色)	olive(橄欖色)
purple(紫色)	red(紅色)	silver(銀色)	white(白色)	yellow(黃色)

16 進位色彩簡稱為 HEX 色彩，是由一個井字號 (#) 加上 6 個數字來表示，前兩碼代表 RGB 色彩中的 R，中間兩碼數字代表的是 G，後兩碼是 B，16 進位最小是 0，最大是 F，像是「#000000」表示 RGB 三個顏色都是 0，也就是黑色；「#FF0000」表示紅色。

網頁上的前景顏色都是以 color 性質來設定，包括文字顏色，例如：

```
H1{   color:#33CC00;}
```

除了前景顏色之外，網頁背景也是網頁設計者很重視的一環，CSS 樣式設定背景顏色的指令是 background-color 性質，例如：

```
body{background-color:#33CC00;}
```

background-color 性質除了網頁背景之外也可以應用在 HTML 區塊的元件上，包括表格、<div>…</div> 標記所圍起來的區域，也都可以使用。

範例：css_color.htm

```
<!DOCTYPE HTML>
<html>
 <head>
 <meta charset="UTF-8">
  <title> CSS line </title>
     <style>
     td{width:300px;height:100px;}
     div{width:600px}
     .bg_color_FCF{
            background-color:#FFCCFF;
            Text-align:center;
     }
     .bg_color_FFC{
                background-color:#ccffff;
                Text-align:center;
     }

  </style>
 </head>
<body>

<TABLE border=1>
<TR>
     <TD class="bg_color_FCF">顏色 :#FFCCFF</TD>
     <TD class="bg_color_FFC">顏色 :#FFFFCC</TD>
</TR>
</TABLE>
<br>
<div class="bg_color_FFC">
```

```
<IMG SRC="images/cat.gif" WIDTH="100" BORDER="0">這是div圍起來的區塊
<p>
</div>
</body>
</html>
```

執行結果

background-color 套用於儲存格

background-color 套用於 <div> 區塊

◆ 如何取得顏色的 HEX 碼？

通常程式碼的文字編輯器都會有色盤可直接選取顏色，如果您使用的編輯器是 Notepad++，則需要另外安裝 ColorPicker Plugin，您可以從「外掛」下拉式選單選擇「外掛模組管理」功能，搜尋「color」，就會出現不少 color Picker 的外掛，將您想安裝的外掛勾選，點選安裝。

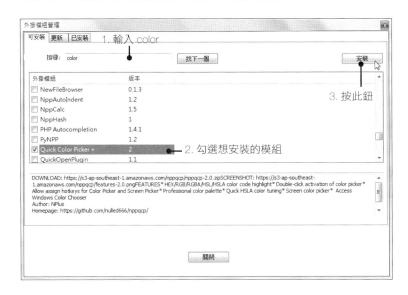

接著會出現將安裝重新啟動 Notepad++ 的訊息，點選「是」，就會安裝外掛並自動重啟 Notepad++。

「外掛」下拉式選單就會出現已安裝的 color Picker 外掛。快按兩下 HTML 文件裡的顏色代碼，也會出現 color Picker，選好顏色就會自動帶入 HEX 碼相當方便。

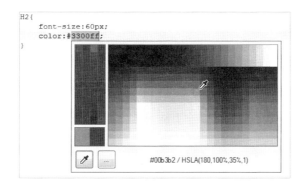

如果您沒有使用文字編輯器，也沒有關係！最容易取得的 color Picker 就是 google chrome 瀏覽器，只要在搜尋處輸入「color picker」，就會出現了。

11-2-3 背景圖案

當我們利用 HTML 語法將背景加上圖片之後，圖片會重複顯示填滿整個背景，如果希望能只做水平或垂直的排列，則必須利用 CSS 指令來完成。

常用的背景圖案相關性質如下表：

設定值	性質名稱	說明
background-image:none | URL(圖片路徑)	設定背景圖案	可使用 jpg、gif、png 三種格式
background-repeat:repeat | repeat-x | repeat-y	背景圖案顯示方式	repeat: 填滿整個網頁(預設值) repeat-x: 水平方向重複 repeat-y: 垂直方向重複
background-attachment:scoll | fixed	捲動或固定背景圖案	scoll: 捲軸捲動時背景也跟著移動(預設值) fixed: 捲軸捲動時背景固定不動
background-position:(x y)	背景圖案位置	x 表示水平距離 y 表示垂直距離

background 性質可以集合起來，一次設定完成，如下所示：

```
background: url(images/bg04.gif) fixed;
```

11-2-4 邊框

只要是 HTML 的區塊元件，都可以設定邊框性質，常用的性質有三種，分別是 margin(邊界)、padding(邊界留白)、border-width(邊框寬度)，如下圖所示：

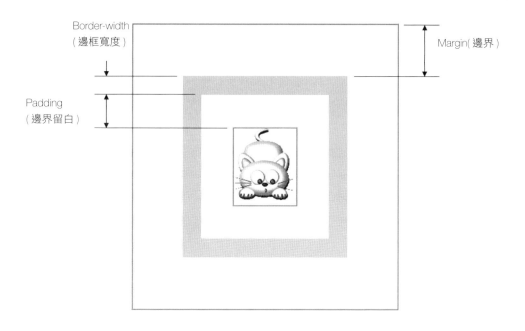

設定方式很簡單，只要給予寬度值即可。例如：

```
div{
margin:10px;
padding:10px;
border-width:10px;
}
```

表示 margin、padding 與 border 四邊的值都是 10px，我們也可以分別指定四個
邊界的值，其性質如下：

性質名稱	說明
margin	邊界
margin-top	上邊界
margin-right	右邊界
margin-bottom	下邊界

性質名稱	說明
margin-left	左邊界
padding	邊界留白
padding-top	上邊留白
padding-right	右邊留白
padding-bottom	下邊留白
padding-left	左邊留白
border-width	邊框寬度
border-top-width	上邊框寬度
border-right-width	右邊框寬度
border-bottom-width	下邊框寬度
border-left-width	左邊框寬度

邊框的形式有幾種可供選擇，列於下表供讀者參考使用：

11-2-5 文繞圖

當網頁上圖片與文字排在一起時，圖形會與文字靠下對齊成一列，如下圖：

透過 CSS 的 float 屬性可以設定為靠左浮動或靠右浮動，形成文繞圖的形式，clear 屬性則用來清除 float 的設定，兩者搭配就可以讓網頁版面做出多種的變化。

性質	性質名稱	說明
float:right | left	允許文字與圖片排列	left: 圖形在左側
		right: 圖形在右側
clear:left | right | both	清除 float 設定	left: 清除 float:left 的設定
		right: 清除 float:right 的設定
		both: 清除 float:left 與 float:right

範例：css_float.htm

```
<!DOCTYPE HTML>
<html>
 <head>
 <meta charset="UTF-8">
  <title> float & clear </title>
     <style>
     #img01{
          float:left;
          width:150px;
     }
     #img02{
          float:right;
          width:150px;
     }
     div{clear:both}
  </style>
 </head>
<body>

<IMG SRC="images/cat.gif" id="img01">Some of the stories we know
and like are many hundreds of years old.
Among them are Aesop's fables. A fable is a short story made up
to teach a lesson.Most fables are about animals. In them animals
talk.
Many of our common sayings come from fables. "Sour Grapes" is one
```

of them.It comes from the fable "The Fox and the Grapes." In the
story a fox saw a bunch of grapes hanging from a vine.
They looked ripe and good to eat. But they were rather high.
He jumped and jumped, but he could not reach them. At last he gave
up.

```
<IMG SRC="images/15.gif" id="img02">
<div>As he went away he said. "Those grapes were sour anyway."
Now we say, "Sour Grapes!" when someone pretends he does not want
something he tried to get but couldn't. </div>

</body>
</html>
```

執行結果

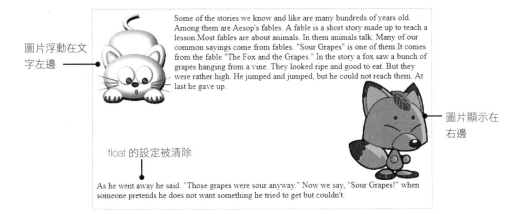

圖片浮動在文字左邊

float 的設定被清除

圖片顯示在右邊

範例裡的最後一個 div 元件加了 clear:both，表示清除 float 的設定，因此 img02
所設定的 float:right 並不會影響 div 元件。如果沒有加入 clear:both，div 元件就會
在 img02 圖片元件的左方，如下圖。

could not reach them. At last he gave up.
As he went away he said. "Those grapes were sour
anyway." Now we say, "Sour Grapes!" when
someone pretends he does not want something he
tried to get but couldn't.

11-3　掌握 CSS 定位

網頁上的元件並不一定得一個接一個乖乖地排列，我們也可以讓元件呈現浮動的狀態，這些設定都與定位方式有很大的關係，這一節就來認識 CSS 的定位語法。

11-3-1　網頁元件的定位 (position)

網頁的定位跟圖層 (layer) 的觀念是很類似的，也就是在一份 HTML 文件中，可以擁有很多個圖層，圖層與圖層間是可以重疊的，如下圖：

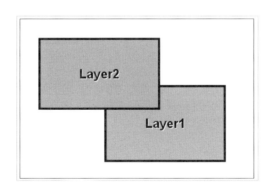

通常我們會利用 HTML 的 <div> 標記與 CSS 語法搭配來設定元件的位置，語法如下：

```
<div style = " 屬性 1 : 設定值 ; 屬性 2 : 設定值 ;">
...
</div>
```

底下來看看有哪些可供設定的屬性。

◆ position 屬性

這個屬性能控制元件的位置，設定值有兩種，一是 absolute(絕對位置)，另一個是 relative(相對位置)。

- static(靜態定位)：元件依照常規流 (normal flow)，此時 top、right、bottom、left 以及 z-index 均無效。

- absolute(絕對定位)：元件脫離常規流，元件原本所在的位置會移除，top、right、bottom、left 是相對於最近的非 static 的父元件來指定距離。

- relative(相對定位)：元件依照常規流，元素先放在尚未定位前的位置，在不改變配置的前提下調整元素的位置 (保留原本的位置)，top、right、bottom 及 left 屬性可設定偏移距離。此屬性對 table-*-group, table-row, table-column, table-cell, table-caption 元件無效。

- fixed(固定定位)：元件脫離常規流，直接指定元件在 viewport(裝置寬跟高) 的固定位置，就算拉動捲軸也不會改變元件在 viewport 的位置。

- sticky(粘滯定位)：根據使用者捲動的行為來定位，一般狀況下是相對定位 (position:relative); 當元件超出目標區域時就變成固定定位 (position:fixed);(IE/Edge15 不支援 sticky 屬性)

top、left、right、bottom 屬 性 可 以 設 定 元 件 上 下 左 右 偏 移 距 離， 例 如：top:100px;left:120px，表示把元件向下移 100px、向右移 120px。

如下圖：

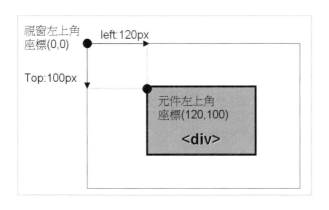

TIPS

請特別留意，網頁原點是在視窗的左上角，因此 top 屬性往下為正值，left 屬性往右為正值。

範例：**position.htm**

```
<!DOCTYPE HTML>
<html>
<head>
<meta charset="UTF-8">
<title>position 與 relative</title>
<style>
*{font-size:25px}
.box1 {
  display: inline-block;
  width: calc(100% / 5);
  height:100px;
  background: red;
  color: white;
}
.box2 {
  display: inline-block;
  width: calc(100% / 5);
  height: 100px;
  background: #0099cc;
  color: white;
  line-height:100px;
  vertical-align:baseline;
}
#two {
  position: relative;
  top: 30px;
  left: 30px;
```

```
    background: #ffcc00;
}
#seven {
    position: absolute;
    top: 180px;
    left: 150px;
    background: #33ffcc;
}
</style>
</head>
<body>
<div class="box1" id="one">1</div>
<div class="box1" id="two">2</div>
<div class="box1" id="three">3</div>
<div class="box1" id="four">4</div>
<div class="box2" id="five">5</div>
<div class="box2" id="six">6</div>
<div class="box2" id="seven">7</div>
<div class="box2" id="eight">8</div>
</body>
</html>
```

執行結果：

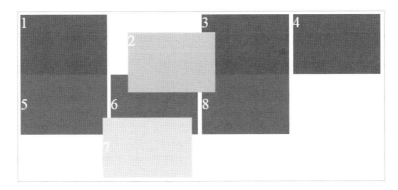

範例中編號 2 的 div 元件使用了相對定位 (relative)，上下偏移 30px，原本的位置
會保留下來；編號 7 的 div 元件使用了相對定位 (absolute)，上偏移 180px、左偏
移 150px，原本的位置不會保留，所以編號 8 就順著常規流移到到原本 7 號的位
置。

width 寬度設定使用了 CSS 獨特的計算功能 (calc) 來計算寬度，下一小節會再介
紹 calc 的用法。

sticky 是新的定位方式，必須指定 top、right、bottom 或 left 才能發揮作用，IE/
Edge15 均不支援，Safari 需要加上「-webkit-」，請參考底下範例。

範例：sticky.htm

```
<!DOCTYPE HTML>
<html>
<head>
<meta charset="UTF-8">
<title>sticky 定位 </title>
<style>
*{font-size:25px}
.box1 {
  width: 300px;
  height:  50px;
  background: #FFD23F;
  color: white;
  margin:10px;
}
.box2 {
  width:  300px;
  height:  50px;
  background: #3BCEAC;
  color: white;
  margin:10px;
}
#three {
```

```
  position: -webkit-sticky;  /*Safari*/
  position: sticky;
  top:10px;
  border:5px solid #000000;
  background: #540D6E;
}
</style>
</head>
<body>
<div class="box1"></div>
<div class="box2"></div>
<div class="box1" id="three">sticky</div>
<div class="box2"></div>
<div class="box1"></div>
<div class="box2"></div>
<div class="box1"></div>
<div class="box2"></div>
</body>
</html>
```

執行結果：

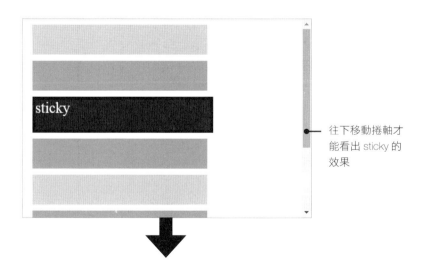

往下移動捲軸才
能看出 sticky 的
效果

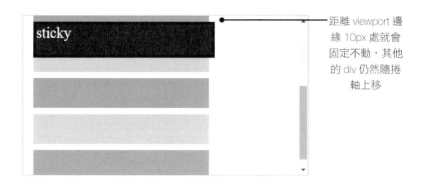

距離 viewport 邊緣 10px 處就會固定不動，其他的 div 仍然隨捲軸上移

11-3-2 立體網頁的定位

立體空間是利用 z-index 屬性來營造出立體的堆疊，z-index 可以將網頁分成許多的圖層，圖層互相堆疊在一起，每一層都有編號值，z-index 較大者會覆蓋較小的元素，下圖左方可以看到從平面來看有三個圖層，當我們以立體示意圖來看時，可以清楚看到，z-index 清楚定義了三個圖層之間的高度關係，如圖所示：

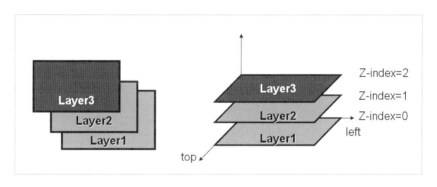

z-index 語法如下：

```
z-index: n
```

z-index 可以使用在 absolute、relative 與 fixed 定位，設定值 (n) 可以是 auto 或數字，數字可以是正數或負數，預設值為 auto。來看看底下的範例。

範例：z-index.htm

```
<!DOCTYPE HTML>
<html>
<head>
<meta charset="UTF-8">
<title>z-index</title>
<style>
*{font-size:25px}
#one {
  display: inline-block;
  width: 300px;
  height: 300px;
  background: #C16E70;
  color: white;
  position: absolute;
}
#two {
  display: inline-block;
  width: 200px;
  height: 200px;
  left:150px;
  top:50px;
  background: #DC9E82;
  color: white;
  opacity: 0.5;
  position: absolute;
}
#cat{
    position:absolute;
    z-index:1;
    left:65px;
    top:65px;
}
</style>
```

```
</head>
<body>
<div id="one">1</div>
<div id="two">2</div>
<img src="images/cat.gif" id="cat" width=150>
</body>
</html>
```

執行結果

編號 1 跟 2 的 div 元件本身就有設定絕對定位 (absolute)，因此會按順序疊加上去，貓咪會在最底下，想要讓它到最上層，只要加上 z-index=1 就可以了。

11-3-3 好用的 calc() 函式

以前想要讓 4 個 div 元件等分在 viewport 時，都會在每一個 width 屬性設定為 25%，有了 calc() 函式只要寫成 calc(100%/4)，每個 div 區塊的寬度就會幫我們計算好。

CSS 的函式 calc() 可以使用在任何一個需要數值的地方，例如 length、angle、time、number 等等，單位可以是 px、%、em 及 rem，語法如下：

```
calc(expression)
```

expression(運算式) 可以與 +-*/ 組合運用，例如：

```
width: calc(100% - 80px);
```

加號 (+) 與減號 (-) 運算符號前後必須有空格，請看底下範例：

範例：calc.htm

```
<!DOCTYPE HTML>
<html>
<head>
<meta charset="UTF-8">
<title>calc 計算 </title>
<style>
*{text-align:center}
.box{
    height: 300px;
    line-height:300px;
}
#one{
    float: right;
    width: 20%;
    background:#F6FEAA;
}
#two{
    float: left;
    width: 20%;
    background:#FCE694;
}
#three{
    width: calc(100% - (20%*2) - 2em);
    margin: 0 auto;
    background:#C7DFC5;
}
</style>
</head>
```

```
<body>
    <div class="box" id="one">20%</div>
    <div class="box" id="two">20%</div>
    <div class="box" id="three">calc(100% - (20%*2) - 2em)</div>
</body>
</html>
```

執行結果：

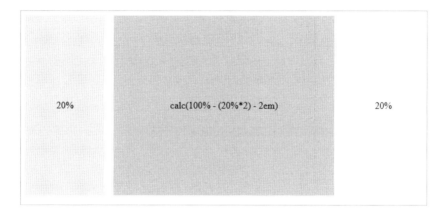

第12堂課

JavaScript 與 HTML DOM

文件物件模型 (Document
Object Model) 可以讓 JavaScript
存取網頁內的元件,當瀏覽器
載入網頁時,會自動建立這一份
網頁文件的 DOM,DOM 具有階層的
概念,學會如何操作 DOM,可以說是
JavaScript 在 Web 應用最重要的觀念。

12-1 文件物件模型 (DOM)

當瀏覽器開啟網頁時，會根據網頁的內容建立文件物件模型 (Document Object Model, 簡稱 DOM)，這裡所提到的文件物件模型是指 HTML DOM。

透過文件物件模型，程式設計師可以透過標準化的方式撰寫程式讓網頁呈現動態效果，例如讓文字在滑鼠經過時變成藍色，滑鼠移出就變回原本的顏色等等。

12-1-1 DOM 簡介

文件物件模型 (Document Object Model, 簡稱 DOM) 是 W3C 所制定的一套文件處理的標準，能夠提供跨平台且標準的處理介面，DOM 中包含了物件 (object)、方法 (method)、屬性 (properties)、集合 (collection)、樣式 (style-sheet)、事件 (event)。

當瀏覽器載入網頁時，會自動依照 HTML 建立 DOM，因此我們要操作的 DOM 物件指的也就是 HTML 的每一個元件。例如下面的敘述：

```
<B><I>Hello World</I></B>
```

以上 HTML 敘述是 <B></B> 標記，包含 <I></I> 標記，對應到文件物件模型的話，就是一個 B 物件衍生一個 I 物件的關係。

12-1-2 DOM 節點

DOM 是一個階層的樹狀結構，就像目錄關係一樣，一個根目錄下會有子目錄，子目錄下還包含另一層子目錄，每一個物件都稱為一個節點，根節點下面會有子節點，子節點底下還有另一層子節點，彼此成為上下層的關係。舉例來說，瀏覽器最上層的節點是 window，也就是根節點 (root)，接下來是 HTML 文件本身 (document)，而 HTML 文件的組成是 HTML 標記，<html> 文件標記的下一層是 <body> 標記，因此 <body> 標記就是 <html> 標記的子節點，當我們在 JavaScript 語法裡要參考到 <body> 標籤，就可以這麼表示：

```
window.document.body
```

HTML DOM 部分物件關係如底下示意圖。

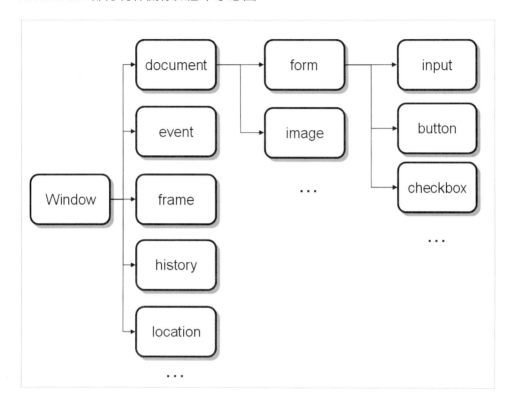

DOM 學習的關鍵就在於掌握節點與節點之間的關係，如何正確引用節點物件，首要的重點就是要清楚節點與節點間描述方式，JavaScript 針對物件描述有完整的方法與屬性，接下來一一為讀者介紹。

12-1-3 取得物件資訊

如果想要取得文件裡的物件或物件集合可以利用下列方法：

方法	說明
getElementByID	取得物件 ID
getElementsByClassName	取得物件類別名稱
getElementsByName	取得物件名稱

方法	說明
getElementsByTagName	取得物件標記的集合
querySelector	取得符合特定選擇器的物件

getElementByID 是透過元件設定的 id 屬性，getElementsByName 是透過元件設定的 name 屬性，getElementsByClassName 藉由元件設定的 class 屬性，getElementsByTagName 則是藉由標記名稱，例如 getElementsByTagName("p")。

querySelector 是使用選擇器來取得物件，例如：

```
document.querySelector(".myclass");
```

請看底下範例。

範例：getElement.htm

```
<!DOCTYPE HTML>
<html>
<head>
<meta charset="UTF-8">
<title>取得元件</title>
<style>
*{
    font-size:20px;
    font-family: Microsoft JhengHei;
}
</style>
<script>
function chgBorder(){
    document.getElementById('myImg').border="5";
    document.getElementById('myImg').style.borderStyle="double";

}
function chgColor(){
    document.getElementsByTagName('p')[1].style.cssText = "color:
```

```
blue;font-size:25px;";
}

</script>
</head>
<body>
        <p> 您好 </p>
        <p> 很高興認識您 .</p>
        <!-- 圖片 -->
        <img id="myImg" src="images/17.jpg" BORDER="0" width="200">
        <br>
        <!-- 按鈕 -->
        <input type="button" onclick="chgBorder()" value=" 圖片加框線
">
        <input type="button" onclick="chgColor()" value=" 改變字體顏色
">
</body>
</html>
```

執行結果

範例中使用了 document.getElementById('myImg') 表示取得 id 名稱為 myImg 的元件，也就是 <img> 物件；document.getElementsByTagName('p')[1] 表示取得標記為 <p> 的物件，其中[1]是索引值，從 0 開始，因此[1]表示取得第 2 個 <p> 物件。

修改物件的 CSS 樣式必須透過 HTMLElement.style 屬性，它會傳回 CSSStyleDeclaration 物件，使用方式如下：

```
// 設定多種 CSS 樣式
HTMLElement.style.cssText = "color: red; border: 1px solid blue";
// 或是使用 setAttribute 方法
HTMLElement.setAttribute("style", "color:red; border: 1px solid
blue;");

// 設定特定的 CSS 樣式
HTMLElement.style.color = "red";
```

12-1-4　處理物件節點

DOM 物件模型可以將 HTML 文件視為樹狀結構，利用下表所列屬性，就可以走訪和處理樹狀結構中的節點。

屬性	說明
firstChild	第一個子節點
parentNode	走訪母節點
childNodes	走訪子節點
previousSibling	走訪上一個節點
nextSibling	走訪下一個節點

走訪節點時，可以取得節點的名稱、內容及物件的種類，如下表所示：

屬性	說明
nodeName	名稱
nodeValue	內容
nodeType	種類

nodeType 為取得物件的種類，1 表示元素節點、3 表示文字節點。

底下就來看看實際範例。

範例：**NodeList.htm**

```
<!DOCTYPE HTML>
<html>
<head>
<meta charset="UTF-8">
<title>NodeList</title>
<style>
*{
     font-size:20px;
     font-family: Microsoft JhengHei;
}
div{
     color:red;
     border:1px solid red;
     width:500px;
     padding:10px;
     text-align:center
}
</style>
<script>
function check()
{
     let result = document.getElementById("result");
     let d1 = document.getElementById("div1");
     result.value = " 第一個子節點 (firstChild) 的 nodeValue = " +
d1.firstChild.nodeValue +"\n";
     result.value += " 第一個子節點 (childNodes) 的 nodeValue = "+
d1.childNodes.item(0).nodeValue+"\n";
     result.value += " 最後一個子節點 (lastChild) 的 nodeType = "+
d1.lastChild.nodeType+"\n";
     result.value += "div1 物件下一個的節點 (nextSibling) = "+
d1.firstChild.nextSibling.getAttribute("id")+"\n";
     result.value += "a1 的父節點 (parentNode) = "+document.
```

```
getElementById("a1").parentNode.getAttribute("id");
}
</script>
</head>
<body>

<input type="button" value=" 檢查節點關係 " onclick="check()"><br>
<textarea cols="50" rows="9" id="result"></textarea>

<div id="div1">Coffee
<a href="#" id="a1"> 這是 a1</a>
<a href="#" id="a2"> 這是 a2</a>
<a href="#" id="a3"> 這是 a3</a>

</div>
</body>
</html>
```

執行結果

12-1-5 屬性的讀取與設定

DOM 為每個元素提供了兩個方法來讀取與設定元素的屬性值，如下表。

方法	說明
getAttribute(string name)	讀取由 name 參數指定的屬性值
setAttribute(string name, string value)	增加新屬性值或改變現有的屬性值

範例

```
<!DOCTYPE HTML>
<html>
<head>
<meta charset="UTF-8">
<title>屬性的讀取與設定</title>
<script>
function changeBorderWidth(px){
        let showTable = document.getElementById("myTable");
        showTable.setAttribute("border",px);   // 設定屬性值

    document.getElementById("showMessage").value=showTable.
getAttribute("bgcolor");   // 取得屬性值
}
</script>
</head>
<body>
<input type="text" id="showMessage">
<table id="myTable" width="200" cellspacing="2" cellpadding="2"
border="1" bgcolor="#FFFF66">
    <tr id="Tr1" bgcolor="#00ee00">
            <td>數學</td>
            <td>英文</td>
            <td>國文</td>
    </tr>
    <tr id="Tr2">
       <td>90</td>
       <td>60</td>
       <td>80</td>
    </tr>
```

```
    <tr id="Tr2">
        <td>80</td>
        <td>86</td>
        <td>98</td>
    </tr>
    </table><br>
    <button onclick="changeBorderWidth(1);">1px</button>
    <button onclick="changeBorderWidth(5);">5px</button>
    <button onclick="changeBorderWidth(10);">10px</button>
</body>
</html>
```

執行結果

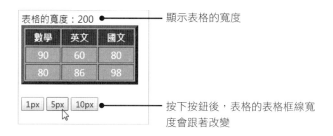

事實上，使用 setAttribute() 方法與直接利用 JavaScript 語法設定屬性值結果是一樣的，例如下面三行敘述執行結果會相同。

```
document.getElementById("myTable").setAttribute("border", 5);
document.getElementById("myTable").border=5;
myTable.border=5;
```

12-2 DOM 物件的操作

DOM 裡清楚地定義每個物件，一個物件包含了屬性 (Property)、事件 (Event)、方法 (Method) 及集合 (Collection)，底下一一來做說明。

12-2-1 Window 物件

物件在 JavaScript 章節已有詳細介紹，相信您記憶猶新，在 DOM 裡包括網頁上的圖片、標記等等都是物件，操作方法與前面學過的物件相同。操作的語法如下：

物件 . 方法或屬性

範例：

```
<!DOCTYPE HTML>
<html>
<head>
<meta charset="UTF-8">
<title> 物件 </title>
<script>
function showFormElements()
{
    let all = document.getElementsByTagName("*");
    let tagname=" 目前文件內共有 "+ all.length + " 個物件 <br>";
    for (i = 0; i < all.length; i++) {
        tagname += all[i].tagName + "<br>";
    }
    showDiv.innerHTML = tagname;
}

</script>
</head>
<body>
<div style="float:left;height:500px;width:200px;" id="showDiv"> 這
是 DIV</div>

<table border=1>
<tr>
    <td align="center"><b> 這是表格 </b></td>
</tr>
</table>
```

```
<form>
<input type="text" size="20" value=" 我是文字方塊 ">
<br>
<img src="images/14.jpg" width="200" border="0">
<br>
<input type="button" name="myButton" value=" 顯示所有物件 "
onClick="showFormElements()">
</form>
</body>
</html>
```

執行結果

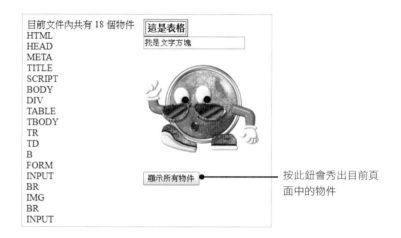

範例中列出了文件中的所有物件名稱，不管是基本物件或網頁上的圖片、HTML
標記都可以視為物件。

12-2-2 DOM 集合 (Collection)

Document 物件中包含許多的集合，如 Anchors、fonts、forms、Scripts 和
styleSheets 等，當想要操作具有特定名稱的物件時就可以使用集合。集合指令
方便我們管理相同性質的物件，如下表所示。

集合	說明
all[]	所有物件
anchors[]	所有 Anchor 物件 (具有 name 屬性的 <a> 標記)
forms[]	所有的 Form 物件
images[]	所有 Image 物件
links[]	所有 Area 和 Link 物件 (具有 href 屬性的 <a> 標記及 <area> 標記)

存取集合中的物件有兩種方法,使用索引 (index) 或是物件名稱 (name)。例如,有一影像 (image) 物件,名稱為 myImg,那麼想要存取 images 集合中的第三個成員,可以使用索引 2,如下式:

```
document.images[2]
```

或者使用 myImg 名稱,如下式:

```
document.images["myImg"]
```

另外,也可以使用 all 來傳回文件內名稱符合的集合,如下所示:

```
document.all["myImg")
```

表示取得物件名稱為 myImg 的物件。

每一個集合物件都有屬性及方法,請參考下表。

屬性	說明
length	集合中的成員數

方法:

方法	說明
item(index)	指定第幾個元素 (index 從 0 開始)
namedItem(id)	指定元素 id 名稱

請參考底下範例。

範例：Collection.htm

```
<!DOCTYPE HTML>
<html>
<head>
<meta charset="UTF-8">
<title>集合的存取</title>
<script>
function check()
{
    n = document.images.length;
    document.myform.result.value = "images 物件的數目：" + n
    + "\nimage1 的圖片寬度：" + document.images[0].width
    + "\nimage2 的邊框寬度：" + document.images["myimg2"].border
    + "\nimage3 的名稱：" + document.all["myimg3"].name
    + "\n 超連結的 href：" + document.links.item(0).href;
}
</script>
</head>
<body>
<form name=myform>
<textarea name=result rows=6 cols=60></textarea><br>
<input type="button" value=" 存取 images 物件屬性 " name="mybtn"
onclick="check()">
</form>
<img src="images/01.jpg" width="100" border="0" name="myimg1">
<img src="images/02.jpg" width="150" border="0" name="myimg2">
<img src="images/03.jpg" width="200" border="0" name="myimg3">
<a href="https://www.google.com/">GOOGLE</a>
</body>
</html>
```

執行結果

```
images物件的數目：3
image1的圖片寬度：100
image2的邊框寬度：0
image3的名稱：myimg3
超連結的href：https://www.google.com/
```

存取images物件屬性

12-3 DOM 風格樣式

一般來説，網頁元素通常會使用 CSS(Cascading Style Sheets) 來設定特定的風格樣式，不過網頁上所顯示的 CSS 效果可能會因瀏覽器的不同而有所差異。因此，為了解決這個問題，利用 DOM 讓元素都可以透過 style 屬性來定義 CSS，DOM 是利用 DOM 第二層樣式 (DOM Level 2 Style) 來操作 CSS 屬性，就可以避免上述問題的產生。

12-3-1 查詢元素樣式

在 JavaScript 中想要知道某個元素的樣式屬性值，可以利用 style 來查詢，如下所示。

```
document.getElementById('textStyle').style.backgroundColor
```

然而每個元素可供設定的樣式繁多，我們可以利用迴圈將元素的樣式列出，請參考底下範例。

範例

```
<html>
<head>
<script language="JavaScript">
<!--
            function showStyle(txtStyle){
                    var styleValue = "";
                    for (var i in txtStyle.style){
                            styleValue += i + ": " + txtStyle.
style[i] + "\n";
                    }
                            document.myForm.txtArea.
value=styleValue;
            }
//--!>
</script>
<title>顯示元素樣式</title>
</head>
<body>
<form name="myForm">
<TEXTAREA NAME="txtArea" ROWS="10" COLS="50"></TEXTAREA>
</form>
<h1 id="textStyle" style="font-family:arial; font-size:20px; font-
color:#FF0000; background-color:#FFCCFF; width=300">STYLE 屬性</h1>
<button onclick="showStyle(document.getElementById('textStyle'))">
顯示樣式</button>
</body>
</html>
```

執行結果

範例中顯示了 id 名稱為 textStyle 的元素樣式值，由於只設定了 font-family、font-size、font-color、background-color 以及 width 等屬性，所以其他的屬性值都是空的。

上述範例中顯示的 style 樣式是 CSS 中的樣式名稱，如果想利用 JavaScript 來指定樣式的值，則必須利用屬性值來設定，請參考下一節的介紹。

12-3-2 設定元件樣式

設定元件樣式的方式很簡單，格式如下所示。

```
元件名稱.style.樣式屬性值
```

當我們想利用 JavaScript 來指定樣式的值時，可以直接利用 CSS 樣式來指定，例如想要設定 id 名稱為 textStyle 的寬度，則可以使用下式：

```
document.getElementById('textStyle').style.width=500;
```

提醒您特別注意，有些 CSS 樣式值以「-」連接符號來連接，例如：font-color、background-color，這時 JavaScript 執行時會出現錯誤，所以必須將「-」符號後的第一個字母改為大寫，並移除「-」符號，如下表所示：

CSS 屬性	JavaScript 樣式表示法
width	style.width
font-size	style.fontSize
background-color	style.backgroundColor
border-top-width	style.borderTopWidth

範例：cssStyle.htm

```
<!DOCTYPE HTML>
<html>
<head>
<meta charset="UTF-8">
<title> 改變元素樣式 </title>
<style>
table{
        background-color:#F6FEAA;
}
th{background-color:#118AB2;}
td,th{
        padding:10px;
        text-align:center;
}
th{color:white}
.colorbtn{width:30px; height:20px;}
</style>
<script>
        function tableWidth(w){
            let table = document.getElementById("myTable");
            table.style.width=w;
        }
        function setTableColor(col){
            let table = document.getElementById("myTable");
            table.style.backgroundColor = col;
        }
```

```html
</script>
</head>
<body>
    <table id="myTable" cellspacing="2" cellpadding="2" border="1">
     <tr id="Tr1">
            <th>數學 </th>
            <th>英文 </th>
            <th>國文 </th>
     </tr>
     <tr id="Tr2">
        <td>90</td>
        <td>60</td>
        <td>80</td>
     </tr>
     <tr id="Tr2">
        <td>80</td>
        <td>86</td>
        <td>98</td>
     </tr>
        </table><br>
        改變表格寬度 <br>
          <button onclick="tableWidth('200px');">寬度200px</button>
          <button onclick="tableWidth('300px');">寬度300px</button>
        <p>
        改變背景顏色 <br>
          <button class="colorbtn" onclick="setTableColor('#C7D
FC5');" style="background-color:#C7DFC5;"></button>
          <button class="colorbtn" onclick="setTableColor('#C1D
BE3');" style="background-color:#C1DBE3;"></button>
          <button class="colorbtn" onclick="setTableColor('#CEBA
CF');" style="background-color:#CEBACF;"></button>
          <button class="colorbtn" onclick="setTableColor('#EBD
2B4');" style="background-color:#EBD2B4;"></button>
        </p>
</body>
</html>
```

執行結果

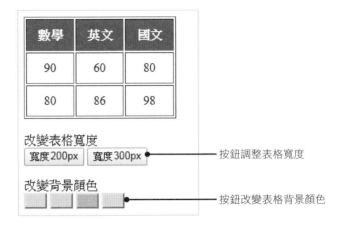

按鈕調整表格寬度

按鈕改變表格背景顏色

第 13 堂課

JavaScript 事件與事件處理

JavaScript 事件 (Event) 是與
使用者互動很重要的媒介，
利用捕捉事件就能夠得知使用者
做了什麼事情，要給予什麼樣的回
應，這一堂課，我們就來學習有趣又
實用的 JavaScript 事件。

13-1　事件 (Event) 與事件處理程序 (Event handler)

事件 (Event) 是由特定動作發生時所引發的反應，舉例來說，使用者點選或移動滑鼠，或是瀏覽器載入網頁，都可以看成是事件的產生。當事件 (Event) 發生時，我們可以在瀏覽器內偵測得知，並以特定的程式來對此事件做出反應，此一程式即稱為「事件處理程序」(Event handler)。

13-1-1　事件處理模式

事件 (Event) 對動態網頁的撰寫是相當重要的，那麼如何綁定事件呢？簡單來說，有幾項您需要考慮的事項。

1. 觸發哪種事件

   觸發事件的類型，例如是當滑鼠移動時或者按下按鍵時觸發事件時觸發事件。

2. 事件影響的範圍

   知道觸發何種事件之後，您還要了解事件影響的範圍，例如想對整個網頁都有效，則事件要加在 \<body> 標籤內，如果只對某物件有效，則事件需加在該物件。

3. 觸發後的處理

   觸發之後要如何進行後續處理，也就是「事件處理程序」(Event handler)，舉例來說，我們想要知道使用者是不是按下了按鈕，首先必須在按鈕綁定事件，並撰寫事件處理程式。

JavaScrip 綁定事件有三種方式：

1. 行內綁定：

直接將事件屬性綁定在 HTML 元件，例如底下敘述，在按鈕綁定 onclick 事件，當按鈕被點擊之後就會觸發處理函式 send()。

```
<input type="button" id="btn" value=" 送出 " onclick="send()">
<script>
function send(){
  .... 事件處理敘述…
}
</script>
```

2. 在 JavaScript 敘述綁定

同樣是將事件屬性綁定在 HTML 物件，不過是透過 JavaScript 來綁定，例如：

```
<input type="button" id="btn" value=" 送出 ">
<script>
btn.onclick = function () {
.... 事件處理敘述…
};
</script>
```

3. 綁定事件監聽函式

以 addEventListener 方法來綁定，語法如下：

```
target.addEventListener(event, listener[, useCapture]);
```

event：要監聽的事件，例如 click

listener：事件觸發後要執行的函式

useCapture：布林值，預設值是 false，可省略，指定事件是在捕獲階段執行或冒泡階段執行。true: 捕獲階段執行；false: 冒泡階段執行

捕獲與冒泡我們下一節再來談，先來看簡單的例子：

```
<input type="button" id="btn" value=" 送出 ">
<script>
function send(e){
```

```
        …事件處理敘述…
    }
    btn.addEventListener("click", send, false)
</script>
```

當監聽的 click 事件發生的時候，會執行 addEventListener() 註冊的 Event Handler，上述例子就是 send() 函式，並建立一個事件物件 (Event Object) 包含相關的屬性傳給 Event Handler，也就是 send(e) 裡面的參數 e，參數名稱可以自行命名，習慣上會使用 e 來命名。

addEventListener() 方法可以向一個元素添加多個事件處理程序，而且可以添加到任何 DOM 對象，而不僅僅是 HTML 元素，譬如想要偵測使用者調整視窗大小，就屬於 window 的 resize 事件，語法如下：

```
window.addEventListener("resize", (e) => {
    .... 事件處理敘述…
});
```

addEventListener() 方法較具彈性，當需要調整綁定的元素時，只需要調整 addEventListener() 敘述，如果是行內綁定就得一一去修改，維護就會比較麻煩。

TIPS

addEventListener() 方法裡的事件不需要加「on」，例如按一下滑鼠左鍵是 click 而不是 onclick。

13-1-2 冒泡 (bubble) 與捕獲 (capture)

冒泡與捕獲是一種事件傳遞引發的現象，會發生在父元素與子元素都綁定相同的事件時發生，當子元素事件被觸發的時候，父元素的事件也會被觸發，觸發的順序是子元素到父元素（由內而外）；捕獲觸發的順序與冒泡相反，觸發的順序是由外而內，底下先來看冒泡的範例。

範例：bubble.htm

```html
<!DOCTYPE HTML>
<html>
<style>
#one{width:200px;height:200px;background-color:#C7DFC5}
#two{width:150px;height:150px;background-color:#FCE694}
#three{width:100px;height:100px;background-color:#F6FEAA}
</style>
<head>
<div id="one">one
    <div id="two">two
      <div id="three">three
      </div>
    </div>
</div>
<script>

document.getElementById("one").addEventListener("click",function()
{
      console.log("one");
      alert("one");
});

document.getElementById("two").addEventListener("click",function()
{
      console.log("two");
      alert("two");
});

document.getElementById("three").addEventListener("click",functi
on(){
      console.log("three");
      alert("three");
});
</script>
```

執行結果：

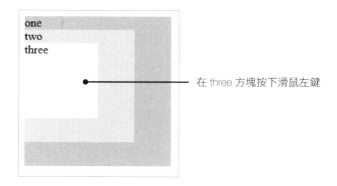

在 three 方塊按下滑鼠左鍵

當按下 three 方塊時，會依序跳出 alert 視窗，內容分別是 three、two、one，從 console 視窗可以看到如下結果：

雖然只按下 three 方塊，但是事件往外傳遞，直到父物件，這樣的現象稱為冒泡 (bubble)，這是事件預設的傳遞方式。

addEventListener() 方法可以利用 useCapture 參數改變事件傳遞的方向，請看底下範例。

範例：capture.htm

```
<!DOCTYPE HTML>
<html>
<style>
#one{width:200px;height:200px;background-color:#C7DFC5}
#two{width:150px;height:150px;background-color:#FCE694}
#three{width:100px;height:100px;background-color:#F6FEAA}
</style>
<head>
<div id="one">one
```

```
    <div id="two">two
      <div id="three">three
      </div>
    </div>
</div>
<script>

document.getElementById("one").addEventListener("click",function()
{
      console.log("one");
      alert("one");
},true);   //useCapture 參數設定為 true

document.getElementById("two").addEventListener("click",function()
{
      console.log("two");
      alert("two");
},true);   //useCapture 參數設定為 true

document.getElementById("three").addEventListener("click",functi
on(){
      console.log("three");
      alert("three");
},true);   //useCapture 參數設定為 true
</script>
```

執行結果：

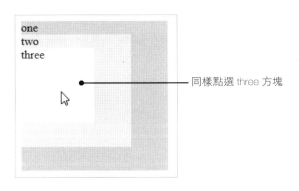

同樣點選 three 方塊

範例將 useCapture 參數設定為 true，這時候事件的傳遞變成捕獲也就是由外向內，因此當按下 three 方塊時，會依序跳出 alert 視窗，內容分別是 one、two、three，從 console 視窗可以看到如下結果：

如果不想讓事件傳遞，可以利用 event.stopPropagation() 來取消，只要碰到 event.stopPropagation() 方法，事件就不會再繼續傳遞給其他物件。譬如我們上面範例的 two 物件加入 stopPropagation() 方法：(stopPropagation.htm)

```
document.getElementById("two").addEventListener("click",function
(e){
    e.stopPropagation();    // 加入 stopPropagation 方法
    console.log("two");
    alert("two");
});
```

執行結果：

```
one
two
>
```

上面一個範例 capture.htm 原本輸出的內容是 one、two、three，給 two 的事件處理函式加上 stopPropagation 方法，就不會再繼續傳遞了。

13-2　常用的 HTML 事件

透過 JavaScript 來操控 HTML 事件可以讓網頁做出非常多實用的功能，接下來我們就來看看有哪些常用的 HTML 事件。

13-2-1 Load 與 Unload 的處理

使用 Javascript 操作 HTML DOM 時，必須要先確定操作的元素已經被載入了，再來處裡，否則就很容易出錯，最好養成利用 window 及 Document 提供的載入相關事件把關，確認 DOM 都載入之後再執行 JS 的好習慣。

確認網頁載入的方式有下列兩種方式：

◆ window.onload

◆ 偵聽 Document 的 DOMContentLoaded 事件

　　藉由改變 JavaScript 的載入方式也能讓網頁資源先載入，這稍後再談，我們先來看 load 與 DOMContentLoaded 事件。

◆ window.onload

　　load 事件是在網頁所有資源載入完成時觸發，下列是使用 onload 事件處理程序屬性，語法如下：

```
window.onload = (event) => {
    ...
};
```

　　或者，使用事件偵聽，語法如下：

```
window.addEventListener('load', (event) => {
    ...
});
```

◆ 偵聽 Document 的 DOMContentLoaded 事件

　　DOMContentLoaded 事件是當 document 被完整的讀取跟解析之後就會觸發，不會等待 CSS、圖片或其他資源讀取完成，語法如下：

```
document.addEventListener("DOMContentLoaded", function(){
    ...
});
```

兩者的差別在於觸發時間點不同，請參考下圖。

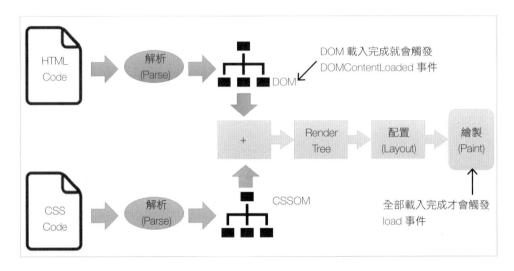

Load 事件與 DOMContentLoaded 事件比較如下：

	load	DOMContentLoaded
事件	window 事件	Document 事件
觸發時機	網頁所有資源下載完成時觸發	DOM 下載完成時觸發
事件處理程序屬性	onload	無

Load 事件也可以應用在網頁元件上，例如想要在圖片載入之後才執行其他動作，可以在圖片加入事件處理程序屬性。

```
<img src="images/13.jpg" onload="check()">
```

◆ 改變 JavaScript 的載入方式

JavaScript 程式碼的載入會因為放置的位置不同而有差異，JavaScript 程式碼如果放入 html 的 head 裡面，那麼網頁載入之前 JS 就會被載入執行，如果放在 body 裡面，則會按照頁面由上到下依序載入執行，所以我們可以把 JavaScript 程式碼放到頁面底部，JS 就會最後才載入 (放在 </body> 之前)。

我們也可以利用 HTML5 的 async 與 defer 屬性讓外部 JS 延緩下載，async 是「非同步」下載，只要在外部 JS 加上 async 屬性，如下所示：

```
<script src="abc.js" async></script>
```

abc.js 會在背景下載，等到 abc.js 下載完畢，網頁會暫停解析，執行 abc.js。

defer 屬性也是非同步下載，會等到網頁下載完成才會執行 abc.js，使用方式如下：

```
<script src="abc.js" defer></script>
```

async 與 defer 只適用於外部 JS 檔。

13-2-2 滑鼠觸發事件

按下滑鼠左鍵或右鍵、滑動滑鼠都是滑鼠觸發的事件，我們要偵測使用者是否按下按鈕或移入圖片、移出圖片都得依靠滑鼠觸發事件，請參考下表。

事件	說明
click	滑鼠游標點選物件時
dblclick	按兩下滑鼠按鍵時
mousedown	按下滑鼠游標時
mouseup	放開滑鼠游標時
mouseover	滑鼠游標經過時
mouseenter	滑鼠游標進入時
mouseleave	滑鼠游標離開時
mouseout	滑鼠游標離開時
mousemove	移動滑鼠游標時
mousewheel	滾動滑鼠滾輪時

以上這些事件都是與滑鼠動作相關的事件，底下來看一個範例應用。

範例：Event_mouse.htm

```
<!DOCTYPE HTML>
<html>
<head>
<title> 滑鼠觸發事件 </title>

</head>
<body>
<font size=6> 現在的滑鼠游標位置：</font><INPUT TYPE="text" id="xy">
<br><font size=5> 請將滑鼠游標移到月亮圖片上 </font>
<IMG SRC="images/13.JPG" WIDTH="200" BORDER="0" id="moonTarget"
onmouseover="mouseTarget()">
<br><font size=5> 請在地球圖片上按一下滑鼠左鍵 </font>
<IMG SRC="images/14.JPG" WIDTH="200" BORDER="0" id="earthTarget">

<script>
let earthTarget = document.getElementById('earthTarget');

let mouseTarget = () => {
  alert(' 嘿！你碰到月亮囉！\n 所以觸發了 onMouseOver 事件 ')
};
earthTarget.addEventListener("click", e => {
  alert(' 嘿！你在地球圖片上按了一下滑鼠左鍵喔！\n 所以觸發了 onClick 事件 ')
});

document.addEventListener("mousemove", e => {
    document.getElementById("xy").value = e.clientX+","+e.clientY;
});
</script>
</body>
</html>
```

執行結果

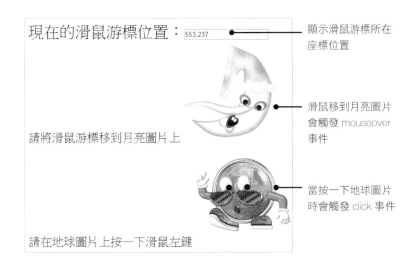

現在的滑鼠游標位置： 553.237 ← 顯示滑鼠游標所在座標位置

← 滑鼠移到月亮圖片會觸發 mouseover 事件

請將滑鼠游標移到月亮圖片上

← 當按一下地球圖片時會觸發 click 事件

請在地球圖片上按一下滑鼠左鍵

範例中使用了 event.clientX 以及 event.clientX 來取得滑鼠游標的 X,Y 位置，為了能隨著滑鼠移動顯示游標位置，我們使用了 mousemove 事件，事件影響的範圍是整個網頁，因此 mousemove 事件加在 document 物件。另外，當滑鼠移過圖片或在圖片上按下滑鼠左鍵時，希望能顯示訊息，所以分別加入了 mouseover 以及 click 事件，月亮圖片的事件是使用行內綁定的用法，另一個圖片是使用偵聽式 (addEventListener)。

事件座標的應用相當廣泛，關於事件座標有下列幾種事件，請參考下表：

事件	說明
clientX	事件觸發時滑鼠游標相對於用戶端區域的 X 座標
clientY	事件觸發時滑鼠游標相對於用戶端區域的 Y 座標
offsetX	事件觸發時滑鼠游標相對於物件的 Y 座標
pageX	頁面上的 X 座標
pageY	頁面上的 Y 座標

13-13

事件	說明
screenX	螢幕上的 X 座標
screenY	螢幕上的 Y 座標
x	X 座標
y	Y 座標

13-2-3 滑鼠按鍵事件

市面上滑鼠通常有左、中、右三個按鍵，以及一個滾輪，JavaScript 也提供了一些事件，方便我們偵測使用者做了哪些動作。滑鼠按鍵事件請參考下表：

事件	說明
button	按下滑鼠按鍵時的狀態

button 事件，如下表所示：

編號	狀態
0	按下滑鼠左鍵
1	按下滑鼠中鍵
2	按下滑鼠右鍵

請參考底下範例。

範例：Event_mousebtn.htm

```
<!DOCTYPE HTML>
<html>
<head>
<title>mouse button 事件 </title>
<link rel="stylesheet" href="style.css">
</head>
<body>
請用滑鼠在我身上點擊一下
```

```
<div id="msgshow"></div>
<IMG SRC="images/17.jpg" WIDTH="200" id="myImg" BORDER="0">
<script>
var msg = document.querySelector('#msgshow');
myImg.addEventListener("mouseup", e => {
    if (typeof e === 'object') {
        switch (e.button) {
          case 0:
            msg.innerHTML=" 您按下左鍵 ";
            break;
          case 2:
            msg.innerHTML=' 您按下右鍵 .';
            break;
          default:
            msg.innerHTML=`button value=${e.button}`;
    }
  }
});
</script>
</body>
</html>
```

執行結果

在小猴子身上點擊一下滑
鼠就會顯示
是按下哪一個滑鼠鍵

13-2-4 鍵盤事件

事件	說明
KeyDown	按下鍵盤按鍵時
KeyUp	放開鍵盤按鍵時
KeyPress	按下鍵盤按鍵時
keyCode	傳回按鍵的按鍵碼

鍵盤事件是當按下鍵盤的按鍵時所觸發的事件，想要得知按下的是哪一個按鍵，必須搭配 keyCode 事件來取得按鍵碼，關於 keyCode 值請參考附錄。

另外，針對鍵盤上的特殊鍵，JavaScript 也提供了偵測狀態的事件，如下表。

事件	說明
altKey	按下鍵盤上的 Alt 按鍵時
altLeft	按下鍵盤左邊的 Alt 按鍵時
ctrlKey	按下鍵盤上的 ctrl 按鍵時
ctrlKey	按下鍵盤上左邊的 Ctrl 按鍵時
shiftKey	按下鍵盤上的 Shift 按鍵時
shiftLeft	按下鍵盤上左邊的 Shift 按鍵時

使用方式請參考底下範例。

範例：Event_keyboard.htm

```
<!DOCTYPE HTML>
<html>
<head>
<title>keyboard 事件 </title>
<style>
body{text-align:center}
#msgshow{
    background-color:#FCE694;
```

```
        height:50px;
        width:500px;
        margin:0 auto;
        line-height:50px;
    }
</style>
</head>
<body>
請按下鍵盤按鍵
<div id="msgshow"></div>
<IMG SRC="images/17.jpg" WIDTH="200" id="myImg" BORDER="0">
<script>
var msg = document.querySelector('#msgshow');
document.addEventListener("keydown", e => {
    if (typeof e === 'object') {
        let str=" 嘿 !! 您按下了 ";
        switch (e.code) {
            case "Space":
                str += " 空白鍵 ";
                break;
            case "AltLeft":
                str += " 左邊的 Alt 鍵 ";
                break;
            case "shiftKey":
                str += "shift 鍵 ";
                break;
            default:
                str += String.fromCharCode(e.keyCode);
        }
        msg.innerHTML = str;
    }
});
</script>
</body>
</html>
```

執行結果

按下鍵盤任意鍵就會顯示所按的按鍵。以上介紹了常用的事件，您一定體會到事件對於互動式網頁的重要性，底下來個練習題。

當滑鼠移到圖片就更換圖片，滑鼠移開時，再回復為原圖，您可以在 images 資料夾找到 13.jpg 及 14.jpg，您不妨自已練習看看。

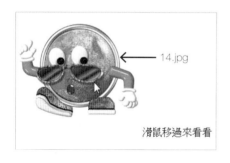

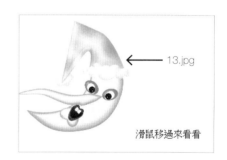

範例：changeImg.htm

```html
<!DOCTYPE HTML>
<html>
<head>
<title>mouse 移過換圖</title>
</head>
<body>
<img src="images/13.jpg"  width="200" border="0" id="myImg">
滑鼠移過來看看
```

```
<script>
var myImg = document.querySelector('#myImg');
myImg.addEventListener("mouseover", e => {
     myImg.src="images/14.jpg";
})
myImg.addEventListener("mouseout", e => {
     myImg.src="images/13.jpg";
})
</script>
</body>
</html>
```

執行結果：

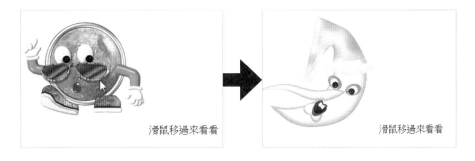

第14堂課

前端資料儲存

當我們在製作網頁時,有時會希望記錄一些資訊,例如使用者登入狀態,計數器或是小遊戲等等,但又不希望動用到資料庫,就可以好好利用 Web Storage 技術將資料儲存在使用者瀏覽器。

14-1　認識 Web Storage

Web Storage 是一種將少量資料儲存於 client(用戶端) 磁碟的技術。只要支援 WebStorage API 規範的瀏覽器，網頁設計者都可以使用 JavaScript 來操作它，我們就先來了解一下 Web Storage。

14-1-1　Web Storage 概念

在網頁沒有 Web Storage 之前，其實就有在用戶端儲存少量資料的功能，稱之為 cookie，這兩者有些許異同之處：

◆ 儲存大小不同：Cooki 只允許每個網站在 Client 端儲存 4KB 的資料，而在 HTML5 的規範裡，Web storage 的容量是由用戶端程式 (瀏覽器) 決定，一般來說，通常是 1MB~5MB 左右。

◆ 安全性不同：cookie 每次處理網頁的請求都會連帶傳送 cookie 值給伺服器端 (server)，使得安全性降低，Web storage 純粹運作於用戶端，不會有這樣的問題。

◆ 以一組 key-value 對應保存資料：cookies 是以一組 key/value 對應的組合保存資料，而 Web Storage 也是一樣的方式。

Web Storage 提供兩個物件可以將資料存在 client 端，一種是 localStorage，另一種是 sessionStorage，兩者主要差異在於生命週期及有效範圍，請參考下表。

Web Storage 類型	生命週期	有效範圍
localStorage	執行刪除指令才會消失	同一網站的網頁可跨視窗及分頁
sessionStorage	瀏覽器視窗或分頁 (tab) 關閉就會消失	只對當前瀏覽器視窗或分頁有效

接下來先來偵測瀏覽器是否支援 Web storage。

14-1-2 偵測瀏覽器是否支援 Web storage

為了避免瀏覽器不支援 Web storage 功能，我們在操作之前，最好能先偵測一下瀏覽器是否支援這項功能。語法如下：

```
if(typeof(Storage)=="undefined")
{
      alert(" 您的瀏覽器不支援 Web Storage")
}else{
    //localStorage 及 sessionStorage 程式碼
}
```

當瀏覽器不支援 Web storage 就會跳出警示視窗，如果支援就執行 localStorage 及 sessionStorage 程式碼。

目前大多數瀏覽器都支援 Web storage，不過需要注意的是，IE 及 Firefox 測試的時候需要把文件上傳到伺服器或 localhost 才能執行！建議您測試時使用 google Chrome 瀏覽器。

14-2　Local Storage 及 session Storage

localStorage 的生命週期及有效範圍與 Cookie 類似，它的生命週期由網頁程式設計者自行指定，不會隨著瀏覽器關閉而消失，適合用在資料需要跨分頁或跨視窗的場合，關閉瀏覽器之後除非執行清除，否則 localStorage 資料會一直存在；session Storage 則是瀏覽器視窗或分頁（tab）關閉資料就會消失，資料也只對當前視窗或分頁有效，適合用在資料暫時保存的場合。接下來，我們先來看看如何使用 localStorage。

14-2-1 存取 localStorage

JavaScript 基於「同源策略」(Same-origin policy)，限制來自相同網站的網頁才能相互叫用，localStorage API 透過 JavaScript 來操作，同樣只有來自相同來源的網頁才能取得同一個 local storage。

什麼叫做相同網站的網頁呢？所謂相同網站包括協定、主機 (domain 與 ip)、傳輸埠 (port) 都必須相同，舉例來說底下三種狀況都視為不同來源：

1. http://www.abc.com 與 https://www.abc.com(協定不同)

2. http://www.abc.com 與 https://www.abcd.com(domain 不同)

3. http://www.abc.com:801/ 與 https://www.abc.com:8080/(port 不同)

在 HTML5 標準，Web Storage 只允許儲存字串資料，存取方式有下列三種可供選用：

1. Storage 物件的 setItem 及 getItem 方法

2. 陣列索引

3. 屬性

底下一一來看這三種存取 localStorage 的寫法。

◆ Storage 物件的 setItem 及 getItem 方法

儲存是使用 setItem 方法，格式如下：

```
window.localStorage.setItem(key, value);
```

例如，我們想指定一個 localStorage 變數 userdata，並指定它的值為「Hello!HTML5」，程式碼可以這樣寫：

```
window.localStorage.setItem("userdata", " Hello!HTML5");
```

當我們想讀取 userdata 資料時，則使用 getItem 方法，格式如下：

```
window.localStorage.getItem(key);
```

例如：

```
var value1 = window.localStorage.getItem("userdata");
```

◆ 陣列索引

　　儲存語法：

```
window.localStorage["userdata"] = "Hello!HTML5";
```

　　讀取語法：

```
var value = window.localStorage["userdata"];
```

◆ 屬性

　　儲存語法：

```
window.localStorage.userdata= "Hello!HTML5";
```

　　讀取語法：

```
var value1 = window.localStorage.userdata;
```

 TIPS

前面的「window」可以省略不寫。

底下我們藉由範例來實際操作看看。

範例：storage.htm

```
<!DOCTYPE html>
<html>
<head>
<meta charset="UTF-8">
<title>Storage</title>
<link rel=stylesheet type="text/css" href="color.css">
<script>
```

```
window.addEventListener('load', () => {
        if(typeof(Storage)=="undefined")
        {
            alert("Sorry!! 您的瀏覽器不支援 Web Storage");

        }else{
                btn_save.addEventListener("click",
saveToLocalStorage);
                btn_load.addEventListener("click",
loadFromLocalStorage);
        }
})

function saveToLocalStorage(){
        localStorage.username = inputname.value;
        show_LocalStorage.innerHTML= " 儲存成功 !";
}

function loadFromLocalStorage(){
            show_LocalStorage.innerHTML= localStorage.username +"
您好，很高興見到您 !";
}
</script>
</head>
<body>
<body>
<img src="images/girl.jpg"><br>
    請輸入您的姓名：<input type="text" id="inputname" value=""><br>
  <div id="show_LocalStorage"></div><br>
   <button id="btn_save"> 儲存至 local storage</button>
   <button id="btn_load"> 從 local storage 讀取資料 </button>
</body>
</body>
</html>
```

執行結果：

1. 先輸入名稱再按此鈕

請輸入您的姓名：Eileen

儲存成功!

2. 這裡會顯示儲存成功

當使用者輸入姓名，並按下「儲存至 local storage」鈕時，資料便會儲存起來，當按下「從 local storage」鈕時，就會將姓名顯示出來，如下圖。

請輸入您的姓名：Eileen

2. 讀出的資料顯示於此

Eileen 您好，很高興見到您!

1. 按此鈕

請您將瀏覽器視窗關閉，重新開啟這份 HTML 文件，再按下「從 local storage 讀取資料」鈕試試，您會發現儲存的 local storage 資料一直都在，不會因為關閉瀏覽器而消失喔！

請您開啟瀏覽器的 console 視窗 (按下 F12 鍵)，切換到 Application 標籤，點開 Local Storage，點擊「file://」，就可以看到及管理我們儲存的資料。

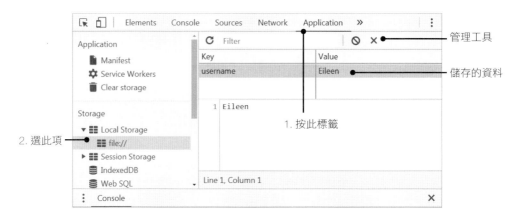

Storage 資料上方有一排管理工具，功能如下：

14-2-2 刪除 localStorage

想要清除某一筆 localStorage 資料可以呼叫 removeItem 方法或是 delete 屬性刪除，例如：

```
window.localStorage.removeItem("userdata");
delete window.localStorage.userdata;
delete window.localStorage["userdata"]
```

想清除 localStorage 全部資料，可以使用 clear() 方法。

```
localStorage.clear();
```

底下延續 ch13-01.htm 的範例，增加一個「清除 local storage 資料」按鈕。

範例：clearLocalStorage.htm

```html
<!DOCTYPE html>
<html>
<head>
<meta charset="UTF-8">
<title>clear Local Storage</title>
<link rel=stylesheet type="text/css" href="color.css">
<script>
window.addEventListener('load', () => {
        if(typeof(Storage)=="undefined")
        {
            alert("Sorry!! 您的瀏覽器不支援 Web Storage");

        }else{
            btn_save.addEventListener("click",
saveToLocalStorage);
            btn_load.addEventListener("click",
loadFromLocalStorage);
            btn_clear.addEventListener("click",
clearLocalStorage);
        }
})

function saveToLocalStorage(){
    localStorage.username = inputname.value;
    show_LocalStorage.innerHTML= " 儲存成功 !";
}

function loadFromLocalStorage(){
    if (localStorage.username) {
        show_LocalStorage.innerHTML = localStorage.username +"
您好，很高興見到您 !";
    }else{
        show_LocalStorage.innerHTML = " 無資料 ";
    }
```

```
}

function clearLocalStorage(){
        localStorage.clear();
        loadFromLocalStorage();
}

</script>
</head>
<body>
<body>
<img src="images/girl.jpg" /><br />
    請輸入您的姓名：<input type="text" id="inputname" value=""><br
/>
   <div id="show_LocalStorage"></div><br />
   <button id="btn_save">儲存至 local storage</button>
   <button id="btn_load">從 local storage 讀取資料</button>
   <button id="btn_clear">清除 local storage 資料</button>
</body>
</body>
</html>
```

執行結果：

LocalStorage
資料全部清
除了

14-2-3 存取 Session Storage

sessionStorage 只能保存在單一的瀏覽器視窗或分頁 (tab)，瀏覽器一關閉儲存的資料就消失了，最大的用途在於保存一些臨時的資料，防止使用者不小心重新整理網頁時資料就不見了。sessionStorage 的操作方法與 localStorage 相同，底下整理列出 sessionStorage 存取語法供讀者參考，不再重複説明。

◆ 儲存

```
window.sessionStorage.setItem("userdata", " Hello!HTML5");
window.sessionStorage ["userdata"] = "Hello!HTML5";
window.sessionStorage.userdata= "Hello!HTML5";
```

◆ 讀取

```
var value1 = window.sessionStorage.getItem("userdata");
var value1 = window.sessionStorage["userdata"];
var value1 = window.sessionStorage.userdata;
```

◆ 清除

```
window.sessionStorage.removeItem("userdata");
delete window.sessionStorage.userdata;
delete window.sessionStorage ["userdata"]
// 清除全部
sessionStorage.clear();
```

14-3 Web Storage 實例練習

學習至此，相信您對 Web Storage 的操作已經相當了解，底下我們就使用 localStorage 及 sessionStorage 實作網頁上常見且實用的功能，「登入 / 登出」及「計數器」。

14-3-1 操作步驟

利用 local storage 資料保存的特性，我們可以來做一個登入登出的畫面並統計使用者的進站次數 (計數器)。畫面如下：

此範例將會有下列幾個操作步驟：

1. 當使用者按下登入鈕時，出現「請輸入姓名」的文字方塊讓使用者輸入姓名

2. 按下「送出」鈕之後，將姓名儲存於 localStorage

3. 重新載入頁面，將進入網站次數儲存於 localStorage，並將使用者姓名及進站次數顯示於 <div> 標記

4. 按下「登出」鈕之後，<div> 標記顯示已登出，並清空 localStorage

範例：countLogin.htm

```
<!DOCTYPE html>
<html>
<head>
<meta charset="UTF-8">

<title> 登入次數 </title>
<link rel=stylesheet type="text/css" href="color.css">
<script>
```

```
window.addEventListener('load', () => {
        inputSpan.style.display='none';      /* 隱藏輸入框及送出鈕
*/

        if(typeof(Storage)=="undefined")
        {
            alert("Sorry!!您的瀏覽器不支援 Web Storage");

        }else{
            /* 判斷姓名是否已存入 localStorage，已存入時才執行 {} 內
的指令 */

            if (localStorage.username) {
                /*localStorage.counter 資料不存在時傳回
undefined*/

                if (!localStorage.counter) {
                    localStorage.counter = 1;
/* 初始值設為 1*/

                } else {
                    localStorage.counter++;       /* 遞
增 */

                }
                btn_login.style.display='none';   /* 隱藏
登入按鈕 */

                show_LocalStorage.innerHTML=
localStorage.username+" 您好，這是您第 "+localStorage.counter+" 次來到
網站~";
            }
            btn_login.addEventListener("click", login);
            btn_send.addEventListener("click", sendok);
            btn_logout.addEventListener("click",
clearLocalStorage);
        }
})

function sendok(){
        localStorage.username=inputname.value;
        location.reload();           /* 重新載入網頁 */

}
```

```
function login(){
    inputSpan.style.display='';              /* 顯示姓名輸入框及送出鈕 */
}
function clearLocalStorage(){
        localStorage.clear();                /* 清空 localStorage*/
        show_LocalStorage.innerHTML="已成功登出!!";
        btn_login.style.display='';   /* 顯示登入按鈕 */
        inputSpan.style.display='';      /* 顯示姓名輸入框及送出鈕 */
}
</script>
</head>
<body>
<button id="btn_login">登入</button>
<button id="btn_logout">登出</button> <br />
<img src="images/girl.jpg" /><br />
<span id="inputSpan">請輸入您的姓名：<input type="text"
id="inputname" value=""><button id="btn_send">送出</button></
span><br />
<div id="show_LocalStorage"></div><br />

</body>
</body>
</html>
```

執行結果：

1. 按下登入鈕

2. 出現輸入框

3. 填好姓名之後按下
送出鈕

按此鈕即可登出

Jennifer 您好,這是您第1次來到網站~ ● 這裡就會顯示姓名及進站次數

我們來看看範例中幾個主要的程式碼。

14-3-2 隱藏 \<div\> 及 \<span\> 元件

姓名的輸入框及送出鈕是放在 \<span\> 元件,當使用者尚未按下登入鈕之前,這個元件可以先隱藏,這裡是使用 style 屬性的 display 來顯示或隱藏元件,語法如下:

```
inputSpan.style.display='none';
```

display 設定為 none 時,元件就會隱藏,畫面上看起來,元件原本佔據的空間就消失了;display 設為空字串 ('') ,則會重新顯示出來。

同樣地,當使用者登入之後「登入」鈕就可以先隱藏起來,直到使用者按了「登出」鈕,再重新顯示。語法如下:

```
btn_login.style.display='none';
```

14-3-3 登入

當使用者按下送出鈕,會呼叫 sendok 函數將姓名存入 localStorage 的 username 變數,並重新載入網頁,語法如下所示。

```
function sendok(){
        localStorage.username=inputname.value;
        location.reload(true);                // 重新載入網頁
}
```

◆ 每次重新載入網頁時計數器加 1

計數器加 1 的時間點是在重新載入網頁的時候，因此程式可以寫在 onLoad 函數裡面，計數器累加的語法如下所示。

```
if (!localStorage.counter) {        /*localStorage.counter 資料不存
在 */
    localStorage.counter = 1;          /* 初始值設為 1*/
} else {
    localStorage.counter++;       /* 遞增 */
}
```

我們要檢查瀏覽器是否支援這個 webStorage API，可以檢查 localStorage 資料是否存在，如下所示：

```
if (localStorage.counter) {   }
```

TIPS

如果使用 getItem 的方式取出值，當資料不存在時是傳回 null；用屬性及陣列索引方式存取，會傳回 undefined。

14-3-4 登出

最後登出的動作，只要清除 localStorage 裡面的資料，並將登入按鈕、姓名輸入框及送出鈕顯示出來就完成了，語法如下。

```
function clearLocalStorage(){
        localStorage.clear();              /* 清空 localStorage*/
```

```
        show_LocalStorage.innerHTML=" 已成功登出 !!";
        btn_login.style.display='';   /* 顯示登入按鈕 */
        inputSpan.style.display='';     /* 顯示姓名輸入框及送出鈕 */

}
```

 學習小教室

Web Storage 的數字相加

JavaScript 裡的運算符號「+」號除了做數字的相加,也可以進行字串相加,例如 "abc"+456 會被認為是字串相加,因此會得到 "abc456",如果數字是字串型態同樣也會進行字串相加,例如:"123"+456,會得到 "123456"。

在 HTML5 的 標 準,Web Storage 只 能 存 入 字 串, 就 算 localStorage 及 sessionStorage 存入數字,仍然是字串型別。因此當我們想要做數字運算時,必須先把 Storage 裡的資料轉成數字才能進行運算,例如範例中的運算式:

localStorage.counter++;

您可以試著把它改成

localStorage.counter=localStorage.counter+1;

您會發現得到的結果不是累加,而會是 1111…。

JavaScript 字串轉數字的方法可以使用 Number() 方法,它會自動判斷數字是整數或浮點數 (有小數點的數) 來做正確的轉換,用法如下:

localStorage.counter=Number(localStorage.counter)+1;

遞增運算子「++」與遞減運算子「--」原本就是做數字的運算,因此不需要做轉換,JavaScript 會強制轉換為數字型別。

第15堂課
JavaScript 在多媒體的應用

多媒體是網頁不可或缺的元素，適當的圖片與影音能夠讓網頁更生動活潑，這一堂課我們就來看看如何使用 JavaScript 來操作網頁上的多媒體。

15-1　網頁圖片使用須知

吸引人的網頁，總少不了精美的圖片，千言萬語也比不上一張圖片來得令人印象深刻，因此圖片在網頁上是相當重要的元素。

網頁常用的圖片格式為 PNG、JPEG 以及 GIF 格式，通常靜態的圖片常用 PNG、JPEG 格式，動態的圖形則使用 GIF 格式。

15-1-1　圖片的尺寸與解析度

網頁上受限於頻寬，太多或太大的圖片會讓網頁顯示的速度變慢，造成瀏覽者的困擾，對整體的網站視覺來講，也只是添加更大的負擔。因此放入圖片前應該先做好規劃並篩選適合的圖片。網頁圖片的選擇應考慮圖片格式、解析度以及圖片大小等三項重點。

◆ 建議的圖片格式

選擇網頁上的圖片只有一個原則，圖片清晰的前提下，檔案越小越好。筆者建議大家採用 JPEG 或 GIF 的圖片格式，盡量不要使用 BMP，因為 BMP 格式的圖檔檔案比較大。

◆ 建議的圖片解析度

解析度是指在單位長度內的像素點數，單位為 dpi(dot per inch)，是以每英吋包含幾個像素來計算。像素越多，解析度就越高，而圖片的品質也就越細緻；反之，解析度越低，品質就越粗糙。基本上，網頁上理想解析度只要 72dpi 就夠了（電腦螢幕的解析度每英吋 72 點）。

◆ 建議的圖片大小

網頁上使用的圖檔當然是越小越好，不過必須考慮到圖檔的清晰度，一張圖檔很小但是很模糊的圖片，放在網頁上也是沒有意義的。一般來說，圖片最好不要超過 30KB。如果有特殊情況，非得使用大張的圖片不可，建議您可以先將圖片切割成數張小圖，再「拼」到網頁上，如此一來，可以縮短圖片

顯示速度，瀏覽者就不需等待一大張圖下載的時間。（圖片分割方法，底下
章節中會有詳細的說明）

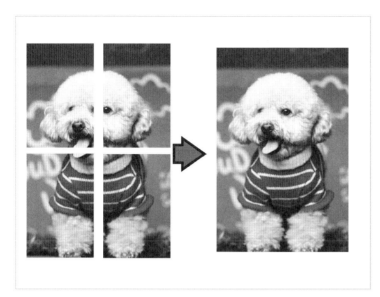

圖檔先切割成 4 張小
圖，再到網頁上拼成一
張完整的圖片

掌握以上三項重點，我們就可以幫網頁加上美美的圖片，也不用擔心影響網頁
瀏覽的效率了。

15-1-2 圖片的來源

巧婦難為無米炊，想要使用圖片，當然首先就必須要有圖片才行。以下是幾個
圖片的來源：

1. 利用繪圖軟體自行製作圖片

2. 從掃描器或數位相機

3. 網路上免費的網頁素材

網路上可以找到很多熱心網友提供免費圖片下載，例如：Maggy 的網頁素材、
阿芳圖庫‧‧等等。

如果讀者有使用他人的照片或是圖片的需求時，可以透過該網站所提供的聯絡方式與著作權人聯絡，向著作權人詢問是否可以授權使用，相信熱心的網友都會樂於提供授權。最好能在網頁適當位置標示圖片的來源出處，這樣才是尊重著作權人的作法喔！

15-1-3 網頁路徑表示法

圖片的使用在前面的章節已經提過，這裡就不再贅述，這一節針對網頁文件的路徑來做說明。

網路路徑有兩種表示方式，一種是相對路徑 (Relative Path)，另一種是絕對路徑 (Absolute Path)。絕對路徑通常用在想要連結到網路上某一張圖片時，就可以直接指定 URL，表示方式如下：

```
<img src="http:// 網址 / 圖檔 .jpg">
```

相對路徑是以**網頁文件**存放資料夾與**圖檔**存放資料夾之間的路徑關係來表示，底下就以下圖為例，來說明相對路徑的表示法。

下圖是舉例一個網站的根目錄是 myweb 資料夾，myweb 資料夾內有 travel 及 flower 資料夾，而 flower 資料夾內有 animal 資料夾。

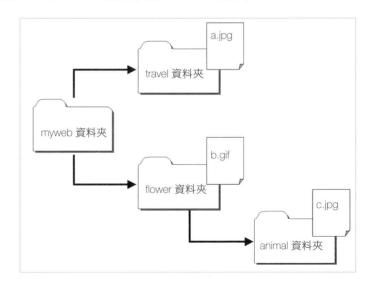

◆ 網頁與檔案位於同一個資料夾

當網頁與檔案位於同一個資料夾，只要直接以檔案名稱表示就可以了。

例如網頁位於 flower 資料夾，想要在網頁內嵌入 flower 資料夾裡的 a.jpg 圖檔，可以如下表示：

```
<img src="a.jpg">
```

◆ 位於上層資料夾

路徑的表示法是以「../」代表上一層資料夾，「../../」表示上上一層資料夾…以此類推。當檔案位於網頁的上層資料夾，只要在檔案名稱前加上「../」就可以了。

例如網頁位於 animal 資料夾，想要在網頁內加入 flower 資料夾裡的 b.gif 圖檔，可以如下表示：

```
< img src="../flower/b.gif">
```

◆ 位於下層資料夾

當檔案位於網頁的下層資料夾，只要在檔案名稱前加上資料夾路徑就可以了。

例如網頁位於 flower 資料夾，想要在網頁內加入 animal 資料夾裡的 c.jpg 圖檔，可以如下表示：

```
<img src="animal/c.jpg">
```

15-2 加入影音特效

有些網站一進站就會聽到悅耳的音樂，或是按下網頁上的按鈕之後就播放出影片，這是怎麼做到的呢？底下將一步一步的示範及講解網頁加入影音的處理方式。

15-2-1 網頁中加入音樂

常見的聲音格式有：.WAV、.MP3、.MIDI 及 OGG 等，說明如下：

◆ WAV 聲音格式：

WAV 格式檔案是最常見的數位聲音檔案，幾乎所有的音樂編輯軟體都支援。最大的特色是未經壓縮處理，因此能表現最佳的聲音品質，也因此檔案很大，一分鐘大概就需要 10mb。

◆ MIDI 格式：

MIDI(Musical Instrument Digital Interface) 檔案只紀錄樂器的資訊，不傳送聲音，因此檔案非常的小，通常都只要 10kb 左右，適合做為網頁背景音樂。由於 MIDI 有統一格式的標準，所以電腦上均可播放，沒有相容性與軟體支援的問題。

◆ MP3：

MP3(mpeg Layer 3) 是一種破壞性的壓縮格式，它捨棄了音訊資料中人類聽覺比較聽不到的聲音，因此檔案很小，一分鐘大概需要 1MB 左右。在音質上會比 wav 稍差，但是除非對聲音很敏銳，否則聽不太出來差異，目前的音樂檔案大多為此種格式。

◆ OGG：

OGG 全名是 Ogg Vorbis，和 MP3 一樣也是破壞性的壓縮格式。不同的地方在於 OGG 是免費而且開放原始碼，音質比 MP3 格式清晰，檔案也比 MP3 格式小，缺點是 OGG 格式仍不普及，並不是所有播放軟體都可以播放 OGG 音檔。

HTML5 有兩種多媒體標記可以用來撥放影片或聲音，一個是 <video> 標記；一個是 <audio> 標記。video 與 audio 都可以撥放聲音，不同點在於 video 可以顯示影像；audio 只會有聲音，不會顯示影像。

首先來看音訊 <audio> 標記。語法如下：

```
< audio src="music.mp3" type="audio/mpeg" controls></ audio>
```

音訊標記內常使用的屬性如下：

◆ src="music.mp3"

設定音樂檔案名稱及路徑，<audio> 標記支援三種音樂格式，mp3、wav 及 ogg。

◆ autoplay

是否自動播放音樂。加入 autoplay 屬性表示自動播放。

◆ controls

是否顯示播放面板。加入 controls 屬性表示顯示播放面板。

◆ loop

是否循環播放，加入 loop 屬性表示循環播放。

◆ preload

是否預先載入，減少使用者等待時間。屬性值有 auto、metadata 及 none 三種。

◆ Auto：網頁開啟時就載入影音。

◆ metadata：只載入 meta 資訊。

◆ none：網頁開啟時不載入影音。

當有設定 autoplay 屬性時，preload 屬性會被忽略。

◆ width / height

設定播放面板的寬度和高度，單位為 pixels。

◆ type="audio/mpeg"

指定播放類型，可讓瀏覽器不需要再去偵測檔案格式，type 必須指定適當的 MIME(Multipurpose Internet Mail Extension) 型態，例如：mp3 對應到 audio/

mpeg，也可在 type 裡再增加 codecs 屬性參數，更明確指定檔案編碼，例如：type='audio/ogg; codec="vorbis"。

◆ volume="0.9"

　　提高或降低音量大小，範圍為 0~1

各種瀏覽器對 <audio> 標籤能支援的音樂格式並不相同，如果要讓大部分瀏覽器都能支援，最好能準備 mp3、ogg 兩種格式，wav 格式檔案較大，並不建議使用在網頁上。HTML5 提供了 <source> 標記，可以同時指定多種音樂格式，瀏覽器會依序找到可播放的格式為止。語法如下：

```
<audio controls="controls">
    <source src="music.ogg" type="audio/ogg" />
    <source src=" music.mp3" type="audio/mpeg" />
  </audio>
```

如此一來，當瀏覽器不支援第一個 source 指定的 ogg 格式或是找不到音訊檔時，就會播放第二個 source 指定的 mp3 音樂。

範例：audio.htm

```
<!DOCTYPE html>
<html>
<head>
<meta charset="utf-8">
<title>audio</title>
</head>
<body>

<h3> 加入音樂 </h3>
<audio controls="controls">
    <source src="multimedia/music.mp3" type="audio/mpeg">
    您的瀏覽器不支援此音樂播放模式！
</audio>
```

```
</body>
</html>
```

執行結果：

當瀏覽器不支援 <audio> 標記時，會將寫在 <audio></audio> 標記裡的文字顯示在螢幕上。

除了前述常直接加在 <audio> 標記的屬性之外，還有一些屬性通常會利用 JavaScript 來調整，如下表：

屬性	說明
autoplay	自動播放
controls	是否顯示標準播放器
currentSrc	傳回目前播放的音檔路徑
currentTime	傳回目前播放的秒數
defaultMuted	傳回是否設為靜音
duration	傳回音樂的長度
ended	傳回播放是否結束
error	傳回播放音檔是否有錯誤訊息
loop	循環播放
muted	設為靜音
networkState	傳回音頻的網路狀態
paused	音檔是否停止播放
played	音檔是否正在播放

屬性	說明
preload	預先載入音檔
readyState	傳回音檔目前的狀態
src	設定音檔路徑
volume	聲音大小

audio 元件提供的方法如下：

方法	說明
load()	載入音檔
play()	播放音檔
pause()	停止音檔播放

透過這些屬性及方法可以得知目前的音檔狀態並控制播放，例如想要讓音樂從 50 秒的地方開始播放，可以如下表示：

```
audio.currentTime = 50;
audio.play();
```

想讓音樂停止，只要加入下式就可以了。

```
audio.pause();
```

15-2-2 加入影音動畫

網頁要加入影音檔可以使用 HTML5 新增的 <video> 標記，屬性及方法與 <audio> 標記大致相同。語法如下：

```
<video src="multimedia/butterfly.mp4" controls="controls"></video>
```

<video> 標記支援三格影音格式，ogg (Theora 編碼)、mp4(h264 編碼) 及 WebM(VP8 編碼)。

範例：video.htm

```
<!DOCTYPE html>
<html>
<head>
<meta charset="utf-8">
<title>video</title>
</head>
<body>

<h3> 加入影片 </h3>
<video controls="controls">
    <source src="multimedia/butterfly.mp4" type="video/mp4" />
    您的瀏覽器不支援此影音播放模式！
</video>

</body>
</html>
```

執行結果：

<video> 標記加入了 controls 屬性，所以影片上會出現播放面板，面板由左至右
分別是播放 / 暫停鈕，音量調整鈕及全螢幕鈕。

學習小教室

關於影像編碼

我們常常用副檔名來判斷檔案的類型，但是對於影音檔就未必能夠適用，影音檔的檔案格式（Container）和編碼（Codec）之間，並非絕對相關，決定影音檔案播放的關鍵，是在於瀏覽器是否有適合的影音編解碼技術。

視訊編碼與解碼技術常見的有 H.264、Ogg Theora、WebM/VP8，處理音訊的 Ogg Vorbis，H.264 編碼適用於多種影片格式，像是 QuickTime 的 MOV 檔、YouTube 等各大網路影音常見的 FLV 檔，WebM 則是 Google 發布的影音編碼格式，與 ogg 格式一樣具有免付權利金、開放原始碼的優點。

直到今日，瀏覽器廠商對於採用哪一種音訊及視訊編碼仍未取得共識，也就是說想透過 HTML5 把影音嵌入網站，就必須考慮各種不同的影音格式，才能讓各種瀏覽器都能讀取。

15-2-3 iframe 嵌入 YouTube 影音

YouTube 是知名的影音分享網站，不少人會將自己拍攝或製作的影片上傳到 YouTube，如果同時想把影片也在自己的網頁或部落格分享，YouTube 也提供嵌入語法，讓我們可以將影片嵌入網頁。

分享過 YouTube 影音的使用者會發現嵌入影音的語法已經從原本的 <object> 改成使用 <iframe> 來嵌入影音。

按此鈕會顯示嵌
入語法

這就是嵌入語法

按此鈕複製

新的嵌入影片語法是以 <iframe> 標記來播放影片，透過新的影片嵌入語法 YouTube 會自動依照瀏覽者的設定，用 AS3 Flash 或 HTML5 來播放影片。(iframe 標記在前面章節已經有說明，這裡就不再贅述)。

只要將 iframe 的 src 屬性就是指向 youtube 的影片網址。

```
<iframe width="420" height="315"
src="http://www.youtube.com/embed/uq2RBrjP3KQ" frameborder="0"
allowfullscreen>
</iframe>
```

在網頁中加入上述語法，就可以嵌入 YouTube 影音了。(youTubeVedio.htm)

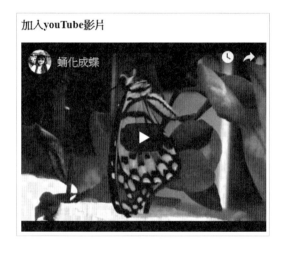

將影音嵌入網頁中，必須注意版權問題，包括音樂、MV 或側錄的電視或電影等等影音檔案，不要隨意嵌入網頁中分享給他人瀏覽，以免觸法喔！

15-3　JavaScript 控制影音播放──實作音樂播放器

這堂課我們將以 JavaScript 來實作如下的音樂播放器。

您可以在範例 ch16 找到範例檔 musicPlayer.htm，影音檔位於 music 資料夾，影音檔來源是「youtube Audio Library 音樂庫無版權配樂」，網址：https://www.youtube.com/audiolibrary/music。

15-3-1 製作歌曲選單列表

當網頁需要製作類似條列式選單或橫列式選單 (導航列)，通常會利用「項目清單」，也就是 ul 及 li 標記來製作，這樣的組合結構清楚，只要將 list-style-type 設定為 none，就可以利用 CSS 任意美化外型，編排上可以很靈活。

我們來看看範例裡是如何使用 ul 及 li 來製作選單，HTML 語法如下：

```
<ul id="musicSources">
        <li>Away</li>
        <li>Parkside</li>
        <li>School_Bus_Shuffle</li>
        <li>If_I_Had_a_Chicken</li>
        <li>After_the_Soft_Rains</li>
        <li>Always_Be_My_Unicorn</li>
</ul>
```

上面語法將會產生如下列表：

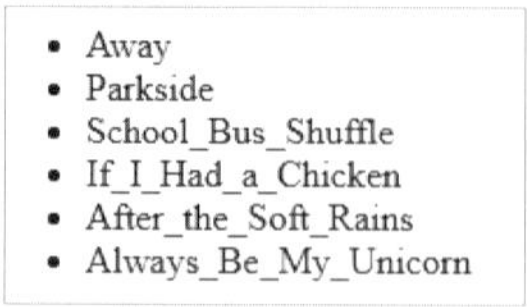

- Away
- Parkside
- School_Bus_Shuffle
- If_I_Had_a_Chicken
- After_the_Soft_Rains
- Always_Be_My_Unicorn

現在只要加上 CSS 語法來改變外觀，並設定項目符號不顯示，CSS 語法如下：

```
ul{
    background-color:#AEA3B0;
    margin-left: 0;
    padding-left: 0;
}
li{
    list-style-type:none;
    line-height:30px;
    border-bottom:1px solid #FFFFFF;
}
li:hover{
    background-color:#990020;
    color:#ffff00;
    cursor:pointer;
}
```

上述 ul 標記的 CSS 語法將 margin-left 與 padding-left 設為 0，這樣一來 ul 就不會內縮，項目符號 (bullet) 就會跑到列表外面，如下圖：

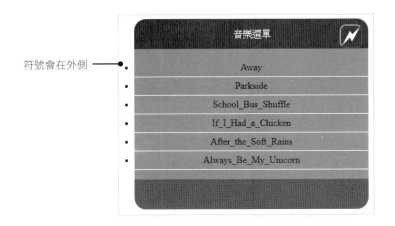

符號會在外側 ────

現在只要在 li 標記加上 list-style-type:none; 如此一來就不會顯示符號。

15-3-2 歌曲的 click 事件 - 事件指派 (Event Delegate)

我們要替 <li> 標記綁定 click 事件，可以使用 for 迴圈來一個個綁定，不過每個 li 都綁定一次 click 事件，對效能來說並不太理想，選擇器 (selector) 也會變得複雜，如果是動態新增歌曲，又要重寫綁定事件，程式碼就更複雜了。

因此我們可以利用之前介紹過的事件傳遞原理，將事件指派給外層的元件，而不是元件本身，只要判斷目標 (e.target) 是我們需要的元件時，再去執行程式。程式碼如下：

```
let musicSources = document.querySelector('#musicSources');
musicSources.addEventListener('click', musicTarget = (e) => {
    if( e.target.tagName.toLowerCase() === 'li' ){
        if(document.querySelector(".musicSpan")){
            document.querySelector(".musicSpan").remove();
        }
        if(document.querySelector("audio")){
            document.querySelector("audio").remove();
        }

        let target = e.target;
        const pn = target.innerText;
```

```
            let span = document.createElement('span')
            span.className  = 'musicSpan';
            span.innerHTML = '4';
            target.appendChild(span);
            playMusic(pn);
        }
});
```

ul 標記的 id 是「musicSources」，我們將 click 事件綁定在這個 ul 元件上，再利用 e.target.tagName 判斷是不是 li 就可以了，整個程式簡潔許多，之後如果加入新的歌曲，也會有 click 的效果，不需要再為新元素綁定 click 事件。

事件處理的函式主要做兩件事情：

1. 當按下歌曲時，在歌曲前方顯示一個類似播放的三角形符號。

   這裡使用 Webdings 字型來產生三角形的符號，使用方式很簡單，我們將文字放在 <span> 標記，接著利用 CSS 指定 span 標記使用 Webdings 字型就可以了 (font-family: Webdings)，這裡我們動態產生 span 元素，並指定元素的 class 名稱與 span 裡的文字，輸入 4 就是使用 Webdings 字型裡三角形符號。

```
let span = document.createElement('span')    // 建立 span 元件
span.className = 'musicSpan';    // 指定 class 名稱
span.innerHTML = '4';        // 指定 span 裡的文字，產生三角形符號
target.appendChild(span);    // 放入 li 元件
```

   Webdings 字型是 windows 作業系統中的 TrueType 符號字型，包括了許多常見的符號與圖形，Webdings 字型裡的符號請參考這一堂課的末頁。

2. 加入 audio 元素並播放音樂

   您可以在 HTML 先建立一個 audio 元件，再改變 src 裡的音檔路徑後播放音樂，或是像範例裡採用動態加入 audio 元件來播放音樂，語法如下：

```
function playMusic(a){
        let myAudio = document.createElement('audio');
```

```
        myAudio.setAttribute("src", "music/" + a + ".mp3");
        myAudio.setAttribute("controls", "controls");  // 顯示
撥放器
        bottom.appendChild(myAudio);      // 加入在 id 名稱為 bottom
的元件裡
        myAudio.play();    // 播放音樂
}
```

當使用者點擊歌曲時就新建一個 audio 元件，點擊另一首時先將原本的 audio 元件移除，如此一來就不需要去添加暫停及加載歌曲的程式。

15-3-3 隨機播放

左上角的隨機播放按鈕的閃電圖案同樣是使用 Webdings 字型來產生，程式碼如下：

```
<span id="random" title=" 隨機播放 " onclick="randomPlay()">~</span>
```

當按下按鈕時會呼叫 randomPlay() 函式。

函式裡面的程式很簡單，使用 random() 來產生 0~5 的整數值，將值帶入 li 元件的索引值，只要去觸發 li 的 click 事件，就會去執行音樂播放的程式了，程式碼如下：

```
function randomPlay(){
        let num = Math.floor(Math.random() * 6);
// 隨機數 0~5
        let randomLi = document.querySelectorAll('li')[num];
        randomLi.click();  // 觸發 click 事件
}
```

範例檔完整程式碼如下：

```
<!DOCTYPE html>
<html>
```

```
<head>
<meta charset="utf-8" />
<title>Music Player</title>
<style>
#musicBoard {
    width: 400px;
    border: 10px solid 827081;
    text-align: center;
    margin: auto;
    border-radius: 20px;
     background-color:#AEA3B0;
}
ul{
    background-color:#AEA3B0;
    margin-left: 0;
    padding-left: 0;
}
li{
    list-style-type:none;
    line-height:30px;
    border-bottom:1px solid #FFFFFF;
}
li:hover{
    background-color:#990020;
    color:#ffff00;
    cursor:pointer;
}
li > span{
    float:left;
    font-family: Webdings;
    font-size: 25px;
    color:#330000;
    cursor: pointer;
}
```

```
#random {
      float:right;
      font-family: Webdings;
      font-size: 35px;
      line-height:35px;
      color:#FFFFFF;
      cursor: pointer;
      border:2px outset #c0c0c0;
      margin:10px;
      border-radius:10px;
}
#random:hover {
      border:2px inset #c0c0c0;
}

#top {
      background-color: #604D53;
      border-top-right-radius:20px;
      border-top-left-radius:20px;
      line-height:50px;
      color:#ffffff;
      padding-left:60px;
 }

 #bottom {
      height:50px;
      background-color: #827081;
      border-bottom-right-radius:20px;
      border-bottom-left-radius:20px;
 }
audio{
      outline:none;
}

</style>
```

```
<script>
    window.addEventListener('load', () => {
        let musicSources = document.
querySelector('#musicSources');
        musicSources.addEventListener('click', musicTarget =
(e) => {
            if( e.target.tagName.toLowerCase() === 'li' ){
                if(document.querySelector(".musicSpan"))
{
                    document.querySelector(".
musicSpan").remove();
                }
                if(document.querySelector("audio")){
                    document.querySelector("audio").
remove();
                }

                let target = e.target;
                const pn = target.innerText;
                let span = document.createElement('span')
// 建立 span 元件
                span.className  = 'musicSpan';      // 指定
class 名稱
                span.innerHTML = '4';        // 指定 span 裡的
文字
                target.appendChild(span);    // 放入 li 元件
                playMusic(pn);
            }
        });
    })

    function playMusic(a){
        let myAudio = document.createElement('audio');
        myAudio.setAttribute("src", "music/" + a + ".mp3");
        myAudio.setAttribute("controls", "controls");   // 顯示
撥放器
```

```
        bottom.appendChild(myAudio);      // 加入在 id 名稱為 bottom
的元件裡
        myAudio.play();      // 播放音樂
    }

    function randomPlay(){
        let num = Math.floor(Math.random() * 6);
// 隨機數 0~5
        let randomLi = document.querySelectorAll('li')[num];
        randomLi.click();    // 觸發 click 事件
    }

</script>
</head>
<body>
    <div id="musicBoard">
        <div id="top">
            音樂選單 <span id="random" title=" 隨機播放 "
onclick="randomPlay()">~</span>
        </div>
        <ul id="musicSources">
            <li>Away</li>
            <li>Parkside</li>
            <li>School_Bus_Shuffle</li>
            <li>If_I_Had_a_Chicken</li>
            <li>After_the_Soft_Rains</li>
            <li>Always_Be_My_Unicorn</li>
        </ul>
    <div id="bottom"></div>
    </div>
</body>
</html>
```

底下是數字、符號、英文字母與 Webdings 字型對照表，提供您參考。

字元	webdings	小寫字母	webdings	大寫字母	webdings
1	📂	a	♋	A	✌
2	📄	b	♌	B	✋
3	📃	c	♍	C	☝
4	📑	d	♎	D	👎
5	📱	e	♏	E	👈
6	⏳	f	♐	F	👉
7	📠	g	♑	G	👆
8	🖱	h	♒	H	👊
9	🖲	i	♓	I	🖐
0	💼	j	er	J	☺
,	📪	k	&	K	😐
.	📫	l	●	L	☹
/	📬	m	◗	M	💧
;	⌨	n	■	N	☠
'	🕯	o	□	O	⚐
~	"	p	◘	P	⚑
@	✍	q	◙	Q	✈
#	✂	r	◘	R	☼
$	∿	s	◆	S	●
^	♈	t	◆	T	❄
&	📖	u	◆	U	✝
*	✉	v	❖	V	✞
(	☎	w	◆	W	✠

字元	webdings	小寫字母	webdings	大寫字母	webdings
)	☽	x	⊠	X	✠
{	✿	y	⌂	Y	✡
}	"	z	⌘	Z	☾

第 **16** 堂課
網頁保護密技與
記憶力考驗遊戲實作

基於保護網站內容或網站原
始碼的情況下,有時候會對瀏
覽者身分進行過濾或是限制瀏覽
者所能使用的功能,本章就將介紹
幾個好用的網頁保護密技,讓您的網
頁更安全。

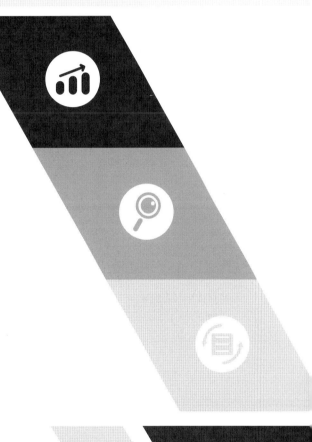

16-1 檢測瀏覽器資訊

網路是無遠弗屆的，在某些特殊情況下，可能會希望取得瀏覽者資訊，以方便針對不同的瀏覽者進行不同的處理或服務，底下就先來介紹如何取得瀏覽者的相關資訊。

16-1-1 取得網址及瀏覽器資訊

程式設計師在進行網站的程式撰寫時，必須針對不同的瀏覽器或螢幕解析度，進行規劃，以求面面俱到。底下這個範例整理了常用的取得網址及瀏覽器資訊偵測方法，提供讀者參考。

範例預覽

```
目前網頁文件的URL ： /D:/sample/ch16/browerInfo.htm
最近一次修改的時間：2019-5-6 14:3
你用的瀏覽器是：chrome
你的螢幕解析度是：1366 * 768
你用的作業系統平台是：Win32
上線狀態：true
```

範例原始碼 browerInfo.htm

```
<!DOCTYPE html>
<html>
<head>
<meta charset="utf-8" />
<title> 瀏覽器資訊 </title>
</head>
<body>
<div></div>
<script>
function checkBrowser(){
    var agent = navigator.userAgent.toLowerCase();
    let browser = "";
```

```javascript
    if(agent.indexOf("msie")!=-1 || agent.indexOf("trident")!=-1
|| agent.indexOf("Edge")!=-1){
        browser = "IE";
        if (agent.indexOf("trident")!=-1) {   //IE 版本 >=11
            var rv = agent.indexOf('rv:');
            browser = "IE" + parseInt(agent.substring(rv + 3,
agent.indexOf('.', rv)), 10);
        }
      var edge = agent.indexOf('Edge/');
      if (agent.indexOf("Edge")!=-1) {  // 判斷 Edge 版本
            browser = "Edge" + parseInt(agent.substring(edge +
5, agent.indexOf('.', edge)), 10);
        }
    }else{
        if(agent.indexOf("firefox")!=-1){
            browser="firefox";
        }else{
            if (agent.indexOf("safari")!=-1 && agent.
indexOf("chrome")==-1){
                browser="safari";
            }else{
                if ((agent.indexOf("safari")!=-1 &&
agent.indexOf("chrome")!=-1)){
                    browser="chrome";
                }else{
                    browser="other";
                }
            }
        }
    }
    return browser;
}


let str = '目前網頁文件的 URL：' + location.protocol + '<br>';
str += "最近一次修改的時間：" + document.lastModified + "<br>";
```

```
str += " 你用的瀏覽器是："+ checkBrowser() + "<br>";
str += " 你的螢幕解析度是："+screen.width+" * "+screen.height +
"<br>";
str += " 你用的作業系統平台是："+ navigator.platform + "<br>";
str += " 上線狀態："+navigator.onLine;

let div = document.querySelector('div');
div.innerHTML = str;
</script>
</body>
</html>
```

location.pathname 是傳回當前 URL 路徑名稱，除了 location.pathname 之外，還有底下方式可以使用：

window.location

document.location.href

檢測瀏覽器版本則是利用 navigator.userAgent，藉由關鍵字來判斷瀏覽器版本。

16-2　禁止複製與選取網頁內容

想要在網頁上存取文字或圖片是相當容易的，但是有些情況下，不希望辛辛苦苦做好的網頁文字或圖片，輕易被瀏覽者抄襲的話，我們可以強制取消滑鼠右鍵或者禁止瀏覽者選取網頁上的文字或圖片，甚至是禁止使用剪下、複製或貼上指令，趕快來看看怎麼做到吧！

16-2-1 取消滑鼠右鍵功能

只要在網頁按下滑鼠右鍵會出現快顯功能表，就可以執行複製或另存圖片…等等多項指令，接下來的範例就來說明如何取消滑鼠右鍵功能。

請開啟「rejectPage.htm」檔案預覽執行的結果。

範例預覽

當瀏覽者按下右鍵
時就會出現此訊息

範例程式碼如下：

```
<!DOCTYPE html>
<html>
<head>
<meta charset="utf-8" />
<title>取消滑鼠右鍵功能</title>
</head>
<body>
<div></div>
<script>
function click() {
      if (event.button==2)
          alert('禁止使用右鍵喔!!');
}
document.onmousedown=click;
</script>
</head>
<body>
<br>
```

```
<IMG SRC="images/butterfly.jpg" WIDTH="300" BORDER="0">
</body>
</html>
```

範例中是利用 event.button 指令來偵測瀏覽者按下了哪一個滑鼠按鍵。

禁按右鍵也可以在 <body> 標籤內加上 oncontextmenu 事件，如下所示：

```
<body oncontextmenu="return false">
```

oncontextmenu 事件是在快顯功能表顯示前會觸發的事件，如果傳回 false，快顯功能表不顯示，傳回 true，則照常顯示。

16-2-2 取消鍵盤特殊鍵功能

雖然取消滑鼠右鍵能防止瀏覽者利用快顯功能表來複製網頁上的文字或檔案，不過瀏覽者仍然可以使用鍵盤的 Ctrl+A 鍵來選取網頁上全部的文字與圖案，加上 Ctrl+C 鍵就可以進行複製。

那麼我們有什麼方法可以禁止瀏覽者按下鍵盤上的「Ctrl+A」以及「Ctrl+C」鍵呢？看看底下範例就知道了。

範例預覽

當按下 Ctrl+C 鍵或 Ctrl+A 鍵時，就會出現禁止的訊息

範例原始碼 checkSpecialKey.htm

```
<!DOCTYPE html>
<html>
<head>
<meta charset="utf-8" />
<title> 網頁保護密技 </title>
<script>
function click() {
                if (event.button==2 || event.button==4)
                {
                   alert(' 禁止使用右鍵喔 !!');
                }

                if(event.ctrlKey){
                  switch(event.keyCode){
                   case 65:alert(' 禁止按下 Ctrl+A!!');break;
                   case 67:alert(' 禁止按下 Ctrl+C!!');break;
                  }
                }

}

document.addEventListener('keydown', click)
document.addEventListener('mousedown', click)

</script>
</head>
<body>
<IMG SRC="images/pic1.jpg" WIDTH="300" BORDER="0">
</body>
</html>
```

這個範例先判斷瀏覽者是否按下了 ctrl 鍵，如果是的話，再利用 switch 函數來判斷是否按下了 A 鍵 (63) 或 C 鍵 (67)，如下所示：

```
if(event.ctrlKey){
            switch(event.keyCode){
                    case 65:alert(' 禁止按下 Ctrl+A!!');break;
                    case 67:alert(' 禁止按下 Ctrl+C!!');break;
 }

}
```

16-2-3　禁止選取網頁文字與圖片

JavaScript 貼心的提供了幾個很方便的事件，可以讓我們去偵測瀏覽者是否想要選取、剪下或複製網頁內容，請看底下範例。

範例預覽

— 無法選取網頁上的文字了

範例原始碼 unselect.htm

```
<!DOCTYPE html>
<html>
<head>
<meta charset="utf-8" />
<title> 禁止選取文字 </title>
```

```
<style>
div{text-align:center}
</style>
</head>
<body background="images/bg04.gif" oncontextmenu="return false"
ondragstart="return false" onselectstart ="return false"
onSelect="return false" oncopy="return false" onbeforecopy="return
false">
<div>
<IMG SRC="images/17.gif" WIDTH="300" BORDER="0">
<br> 試試看！用滑鼠選取這行字 ...
</div>
</body>
</html>
```

範例中我們使用了五個事件在 <body> 標籤中，下表中列出了常用的剪下、複製、貼上以及選取會觸發的事件：

事件	說明
onCut	剪下時
onBeforeCut	剪下前
onCopy	複製時
onBeforeCopy	複製前
onPaste	貼上時
onBeforePaste	貼上前
onSelect	選取文字時
onSelectStart	開始選取文字時
oncontextmenu	顯示快顯功能表前

當網頁內容被選取、剪下、複製或貼上時都會觸發相關的事件，當事件處理函式的傳回值為 true，表示動作照常進行，當傳回 false 時，動作會被取消。

16-3　字串加密與解密

表單傳遞如果是 GET 模式傳送，URL 就會顯示傳遞的資訊，JavaScript 提供一些方法讓我們可以將 URL 編碼之後再傳送，底下就來介紹這些實用的方法。

16-3-1　URL 與字串加密

JavaScript 提供 escape、encodeURI、encodeURIComponent 函式可以讓我們將字串編碼，以利網路傳輸，更精確的説，應該是 encodeURI 函數會將字元以 ASCII 或 unicode 格式進行編碼，三者的差別如下：

◆ escape()

不編碼的符號包括：@*_+-./，escape 處理非 ASCII 語系的字元會有問題，已經從 Web 標準中移除，除非特殊情況，否則應避免使用 escape()。

◆ encodeURI()

不編碼符號包括：: , , / ? : @ & = + $- _ . ! ~ * ' ( )#，encodeURI 會保留完整的 URL，因此對 URL 有意義的字元不做編碼。

◆ encodeURIComponent()：

不編碼符號包括：().!~*'-，不會對 ASCII 字母、標點符號與數字編碼，對 URL 有意義的字元則以 16 進位 (hex) 編碼。

三種函式使用方式相同，如下所示：

```
escape("URL")
encodeURI("URL")
encodeURIComponent("URL")
```

例如：

```
myStr=encodeURIComponent("https://tw.yahoo.com/")
```

如果將 myStr 顯示在瀏覽器上，會看到如下的一長串文字與符號：

```
https%3A%2F%2Ftw.yahoo.com%2F
```

底下範例將製作一個輸入介面，可以讓您在輸入文字後分別以 escape、encodeURI 與 encodeURIComponent 編碼。

範例結果

點擊 escape 鈕執行結果：

點擊 encodeURI 鈕執行結果：

點擊 encodeURIComponent 鈕執行結果：

範例原始碼 encode.htm

```
<!DOCTYPE html>
<html>
<head>
<meta charset="utf-8" />
<title> 字串加密 </title>
<link rel=stylesheet type="text/css" href="color.css">
<script>
window.addEventListener('load', () => {
    runEscape.addEventListener('click', (e) => {
        encodeURId.value = escape(myText.value)
    })
    runEncodeUR.addEventListener('click', (e) => {
        encodeURId.value = encodeURI(myText.value)
    })
    runEncodeURIComponent.addEventListener('click', (e) => {
        encodeURId.value = encodeURIComponent(myText.value)
    })
})
</script>
</head>
<body>
```

```
<h3> 字串加密 </h3>

          請輸入想要編碼的 URL 或字串：<br>
          <textarea rows=3 cols=60 id="myText"></textarea><br>
          <button id="runEscape">escape</button>
          <button id="runEncodeUR">encodeURI</button>
          <button id="runEncodeURIComponent">encodeURICompone
nt</button>
          <p> 編碼結果：<br>
          <textarea rows=3 cols=60 id="encodeURId"></textarea>

</body>
</html>
```

16-3-2 URL 與字串解密

既然能加密當然也會有解密的方法，JavaScript 同樣針對三種加密方法提供相應的解密函式 unescape、decodeURI、decodeURIComponent 函數再轉換回文字，語法如下：

```
unescape(" 字串 ")
decodeURI(" 字串 ")
decodeURIComponent(" 字串 ")
```

例如：

```
myStr=unencodeURI("%61")
```

變數 myStr 接收到的值為小寫 a。

底下範例將製作一個輸入介面可以讓您可以輸入加密過的字串後分別以 unescape、decodeURI 與 decodeURIComponent 編碼。

範例預覽

輸入 escape 加密過的字串，點擊 unescape 解碼

輸入 encodeURI 加密過的字串，點擊 decodeURI 解碼

輸入 encodeURIComponent 加密過的字串，點擊 decodeURIComponent 解碼

範例原始碼 decode.htm

```html
<!DOCTYPE html>
<html>
<head>
<meta charset="utf-8" />
<title>字串加密</title>
<link rel=stylesheet type="text/css" href="color.css">
<script>
window.addEventListener('load', () => {

        runUnscape.addEventListener('click', (e) => {
            try {
                    encodeURId.value = unescape(myText.value)
            } catch(e) {
                    encodeURId.value = e;
            }
        })
        runDecodeURI.addEventListener('click', (e) => {
            try {
                    encodeURId.value = decodeURI(myText.
value)
            } catch(e) {
                    encodeURId.value = e;
            }
        })
        runDecodeURIComponent.addEventListener('click', (e) =>
{
            try {
                encodeURId.value =
decodeURIComponent(myText.value);
            } catch(e) {
                encodeURId.value = e;
            }
        })
```

```
})
</script>
</head>
<body>
<h3> 字串解密 </h3>

          請輸入想要解密的 URL 或字串：<br>
          <textarea rows=3 cols=60 id="myText"></textarea><br>
          <button id="runUnscape">unescape</button>
          <button id="runDecodeURI">decodeURI</button>
          <button id="runDecodeURIComponent">decodeURICompone
nt</button>
          <p> 解密結果：<br>
          <textarea rows=3 cols=60 id="encodeURId"></textarea>

</body>
</html>
```

解密是將已經加密過的字串做轉換，如果有無法轉換的字元就會拋出錯誤訊息，所以範例中在每個解碼程式加上 try/catch 捕捉錯誤，譬如將 escape 加密的字串讓 decodeURIComponent 解密就會拋出錯誤。

16-4 記憶力考驗遊戲

學習程式最快速有效的方式莫過於寫一些有趣的程式，最後我們以一個小遊戲 - 「記憶力考驗」實作再來複習 JavaScript 常用的語法。

16-4-1 介面及程式功能概述

記憶力考驗是一款休閒益智的網頁遊戲，九宮格內會出現未依照順序排列的 1~9 數字，玩家必須在 10 秒內記憶數字的位置，再由小到大依照正確順序點擊數字。這款遊戲會用到常用的 HTML、CSS 及 JavaScript 語法，無疑是鍛鍊程式基本功非常好的小程式。

我們就先來看看遊戲的介面及功能。

記憶力考驗遊戲共有 1~9 個數字，放在 3x3 的九宮格中，按下「開始遊戲」鈕之後就會開始計時，玩家必須在 10 秒內記憶數字的位置，由小到大依照正確順序點擊數字，點錯數字，就會出現哭臉以及失敗文字；答對了就會出現笑臉以及成功的文字。

◆ 開始畫面

◆ 開始記牌畫面

一開始先出現全版的遮罩 (Mask)，讓玩家無法點擊網頁，但保留透明度，讓玩家記憶數字。

◆ 開始遊戲畫面

依數字由小到大依序點擊，點擊正確的話，背景就會改變顏色並顯示數字。

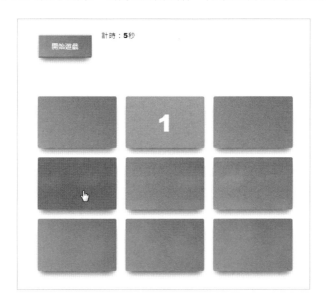

◆ 全部正確點擊畫面

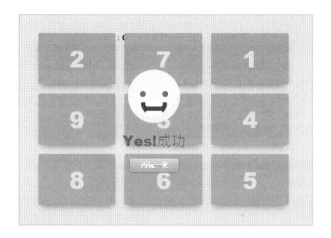

◆ 點擊錯誤顯示的畫面

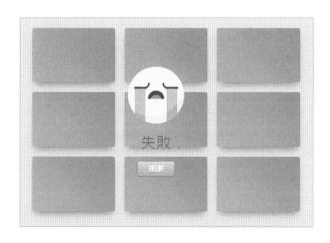

遊戲介面部分是由 HTML 及 CSS 語法產生,由於 1~9 的數字按鈕外觀是一致的,當玩家點擊「開始遊戲」鈕時才由 JavaScript 程式動態產生。

接著來看看幾個關鍵的程式碼。

16-4-2　程式碼重點說明

您可以在範例 ch16 資料夾找到範例程式碼 (game.htm)，範例使用的圖檔與 CSS 檔案放在 game 資料夾裡的 css 與 images 資料夾。

遊戲一開始先產生 1~9 的數字，為了方便後續處理，我們可以利用陣列來儲存數字，只要一行程式碼就可以達成，語法如下：

```
let nums = Array.from(Array(length+1).keys()).slice(1);
```

length 是我們從 num_click(9) 所傳入的參數，表示需要產生 1~9 的數字，範例中 Array 的 keys() 方法會回傳陣列的索引鍵值，Array.from() 會使用括號內的物件產生新的陣列，因此 Array.from(Array(length+1).keys()) 將會得到如下的陣列：

```
[0, 1, 2, 3, 4, 5, 6, 7, 8, 9]
```

slice() 方法會傳回指定索引之後的所有字串，如此一來就取得 1~9 的數字。

接著只要將陣列值打亂，程式碼如下：

```
for(let j, i=0; i<length;i++){
    j = Math.floor(Math.random() * i);
    [nums[i], nums[j]] = [nums[j], nums[i]]    // 變數交換
}
```

這裡利用 ES6 指派的寫法來執行變數的交換，如果不使用這種新的寫法，也可以使用傳統寫法，利用一個暫存變數來達成，程式可以這樣寫：

```
for(let j, x, i=0; i<length;i++){
    j = Math.floor(Math.random() * i);
    x = nums[i];
    nums[i] = nums[j];
    nums[j] = x;
}
```

有了一組 1~9 打亂排列的數字陣列之後，只要動態新建 <div> 並加入 box_num 元件就可以了，程式碼如下：

```
nums.forEach(function(value, key) {
    let divtag = document.createElement("div");
    divtag.className = "div_num";
    divtag.id=nums[key];
    divtag.innerHTML=nums[key];
    document.getElementById('box_num').appendChild(divtag);
})
```

每一個數字的 <div> 元件的 class 名稱都是 div_num，在 CSS 檔 (game/css/style.css) 已經寫好 div_num 的 CSS 樣式，因此每一個數字元件都會是同樣的外觀。innerHTML 屬性是 <div> 顯示的文字，當遊戲開始時只要將 innerHTML 清除，就達到我們想要的蓋牌效果。這個方塊代表的數字則放在 id 屬性。

範例裡讓玩家有 10 秒鐘記憶數字的程式是使用 setTimeout()，計時的部分則是使用 setInterval()，當遊戲開始就計時，執行到 clearInterval() 就會停止計時。

16-4-3 CSS 重點說明

範例裡使用了幾個特別的 CSS 語法，在此稍做説明。

◆ 漸層 linear-gradient()

linear-gradient 函式是用來建立一個兩種以上顏色的線性漸層，語法如下：

```
linear-gradient( 方向 , 顏色 1, 顏色 2,…)
```

線性漸層的方向預設值為由上而下，您也可以設定為由左而右、由右而左或是對角線，例如：

```
// 從藍色漸變到紅色
linear-gradient(blue, red);

// 對角線 45 度，從藍色漸變到紅色
```

```
linear-gradient(45deg, blue, red);

// 從右下到左上，從藍色漸變到紅色
linear-gradient(to left top, blue, red);

// 從下到上，從藍色開始漸變到 40% 的位置綠色開始以紅色結束
linear-gradient(0deg, blue, green 40%, red);
```

◆ 遮罩 Mask

我們想要讓玩家在某些時候不能去點選頁面的按鈕或做其他操作，最簡單的方式就是加上一個遮罩 (Mask)，做法很簡單，只要加上一個長寬都是 100% 的 <div> 元件，將定位方式 (position) 指定為 absolute。

```
#mask{
    top:0;left:0;
    width:100%;
    height:100%;
    display:table;
    position: absolute;
    text-align:center;
    background-color:rgba(80,80,80,0.5);
}
```

為了讓玩家能看到遮罩下的圖形，我們必須指定透明度，通常會使用背景顏色 (background-color) 加上 opacity 屬性來設定透明度，然而 opacity 屬性會讓整個元素變成透明，也就是說如果遮罩裡面還有圖形或文字將會一起變透明，舉例來說，如果寫成下式：

```
background-color:#808080;
opacity:0.2
```

執行之後會如下圖，遮罩裡的文字也跟著變透明了，透明度越高，字也就愈不清楚。

字也變透明了

因此我們可以改用 rgba 顏色來指定背景顏色，rgb 是紅 (Red)、綠 (Green)、藍 (Blue) 三原色，rgba 裡的「a」是指不透明度 (opacity) 的 alpha 值，alpha 越低越透明，例如：

```
// 紅色，不透明度 50%
rgba(255, 0, 0, 0.5)

// 藍色，不透明度 60%
rgba(0, 0, 100, 0.6)
```

範例就說明到此，其餘程式並不困難，請參考底下範例完整的程式碼：

```html
<!DOCTYPE html>
<html>
<head>
<meta charset="utf-8" />

<link rel="stylesheet" type="text/css" href="game/css/style.css"/>
<script>
var numTimeout=null ;      // 計數
function num_click(length){

    // 停用 startBtn 按鈕
    document.getElementById("startBtn").disabled = true;
    let ccount=0, tt=0;
    let RememberTime=10; // 設定記憶時間
    let box_num=document.querySelector('#box_num'); //#box_num 元件

    // 產生 1~length 的數字
    let nums = Array.from(Array(length+1).keys()).slice(1);
```

```javascript
for(let j, i=0; i<length;i++){
    j = Math.floor(Math.random() * i);
    [nums[i], nums[j]] = [nums[j], nums[i]]    // 變數交換
}

// 依排列後的數字產生按鈕
nums.forEach(function(value, key) {
    let divtag = document.createElement("div");
    divtag.className = "div_num";
    divtag.id=nums[key];
    divtag.innerHTML=nums[key];
    document.getElementById('box_num').appendChild(divtag);
})

// 建立提示訊息 Mask
var playtag = document.createElement("div");
playtag.id = "playMask";
playtag.innerHTML =" 請開始記牌，10 秒後將蓋牌 ";
document.body.appendChild(playtag);
startTimer();

// 利用 setTimeout 設定 10 秒後開始
setTimeout(()=>{
    stopTimer();

    // 移除提示訊息 Mask
    if(document.getElementById("playMask")){
        document.body.removeChild(document.getElementById
        ("playMask"));
    }
    // 隱藏方塊裡的數字
    let d1 = document.querySelectorAll('.div_num');
    for(let i=0; i<d1.length; i++){
        d1[i].innerHTML = "";
```

```javascript
    }

    startTimer();

    // 將按鈕 click 監聽綁定在外層的 box_num 元件
    let box_num = document.getElementById('box_num');
    box_num.addEventListener('click', addbox = (e) => {
        if( e.target.tagName.toLowerCase() === 'div' ){
            ccount++;

            if(Number(e.target.id) != ccount){  // 答錯
            stopTimer();
            var masktag = document.createElement("div");
            masktag.id = "mask";
            masktag.innerHTML ="<div id='maskcell'><img
src='game/images/cry.png'><br> 失敗 <br><input type='button'
id='reset' value=' 重來 '></div>";
            document.body.appendChild(masktag);
            reset.addEventListener('click', closeMask);

        }else{
            e.target.style.background = "#00cccc";
            // 答對就改變 div 顏色
            e.target.innerHTML=e.target.id;

            if (Number(e.target.id) == length)    // 全部答對
            {
                stopTimer();
                var masktag = document.createElement("div");
                masktag.id = "mask";
                masktag.innerHTML ="<div id='maskcell'><img
src='game/images/smile.png'><br>Yes! 成功 <br><input type='button'
id='reset' value=' 再玩一次 ' onclick='document.body.
removeChild(document.getElementById(\"mask\"));'></div>";
```

```javascript
                    document.body.appendChild(masktag);
                    reset.addEventListener('click', closeMask)


                }
            }
        }
    })
}, RememberTime*1000 );


    function startTimer(){
        numTimeout=setInterval(()=>{
            tt++;
            document.getElementById('show_timer').
            innerHTML = tt;
    },1000);
}


function stopTimer(){
    tt=0;
    ccount=0;
    document.getElementById('show_timer').innerHTML = "0";
    if (numTimeout)
    {
        clearInterval(numTimeout);

        numTimeout = null;
    }
}
function closeMask(){
    if(document.getElementById("mask")){
        document.body.removeChild(document.
        getElementById("mask"));
}
// 清空 box_num
document.getElementById("box_num").innerHTML="";
```

```javascript
        // 移除 box_num 的 click 監聽事件
        document.getElementById('box_num').removeEventListener
        ("click", addbox);
        //startBtn 按鈕啟用
        document.getElementById("startBtn").disabled = false;
        stopTimer();
    }



};

window.addEventListener('load', () => {
    startBtn.addEventListener('click', musicTarget = (e) => {
            num_click(9);
    })
})
</script>
</head>
<body>
<div id="start_play">
    <button id="startBtn"> 開始遊戲 </button> 
    計時：<span id="show_timer">0</span> 秒
</div>
<div id="box_num"></div>
</body>
</html>
```

寫程式著重邏輯與抽象化思考，JavaScript 只是幫助實作的工具，只要將問題歸類抽象化，構思程式的寫法，找出需要的元件及函式模組，加上變數與邏輯判斷，就能完成程式的撰寫，說來簡單但是也是需要多多嘗試與訓練！您可以試試看擴充遊戲加入更有趣的玩法。

讀者回函

讀者回函

感謝您購買本公司出版的書，您的意見對我們非常重要！由於您寶貴的建議，我們才得以不斷地推陳出新，繼續出版更實用、精緻的圖書。因此，請填妥下列資料(也可直接貼上名片)，寄回本公司(免貼郵票)，您將不定期收到最新的圖書資料！

購買書號：　　　　　　　　書名：

姓　　名：_____

職　　業：□上班族　　□教師　　　□學生　　　□工程師　　□其它

學　　歷：□研究所　　□大學　　　□專科　　　□高中職　　□其它

年　　齡：□10~20　　□20~30　　□30~40　　□40~50　　□50~

單　　位：_____　部門科系：_____

職　　稱：_____　聯絡電話：_____

電子郵件：_____

通訊住址：□□□ _____

您從何處購買此書：

□書局_____　□電腦店_____　□展覽_____　□其他_____

您覺得本書的品質：

內容方面：　□很好　　　　□好　　　　□尚可　　　　□差

排版方面：　□很好　　　　□好　　　　□尚可　　　　□差

印刷方面：　□很好　　　　□好　　　　□尚可　　　　□差

紙張方面：　□很好　　　　□好　　　　□尚可　　　　□差

您最喜歡本書的地方：_____

您最不喜歡本書的地方：_____

假如請您對本書評分，您會給(0~100分)：_____ 分

您最希望我們出版那些電腦書籍：

請將您對本書的意見告訴我們：

您有寫作的點子嗎？□無　　□有　　專長領域：_____

博碩文化網站　　http://www.drmaster.com.tw

GIVE US A PIECE OF YOUR MIND

Give Us a Piece Of Your Mind

歡迎您加入博碩文化的行列哦！

請沿虛線剪下寄回本公司

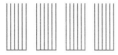
221

博碩文化股份有限公司　產品部
台灣新北市汐止區新台五路一段112號10樓A棟

DrMaster

深度學習資訊新領域

博碩文化

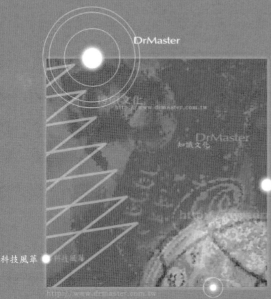

DrMaster

http://www.drmaster.com.tw

DrMaster
知識文化

知識文化

科技風華

http://www.drmaster.com.tw

深度學習資訊新領域